高等职业教育土木建筑类专业新形态教材

装配式混凝土结构识图与深化设计
（第2版）

主　编　肖明和　于颖颖　杨　勇
副主编　孟姗姗　李静文　张培明
　　　　徐鹏飞
参　编　齐高林　王　飞

北京理工大学出版社
BEIJING INSTITUTE OF TECHNOLOGY PRESS

内 容 提 要

本书根据高职高专院校土建类专业的人才培养目标、教学计划、装配式混凝土结构识图与深化设计课程的教学特点和要求，结合国家大力发展装配式建筑的国家战略及《关于推动智能建造与建筑工业化协同发展的指导意见》等文件精神，并按照国家、省颁布的有关新规范、新标准编写而成。

本书共分6部分，主要内容包括绪论，预制混凝土外墙板识图与深化设计，预制混凝土内墙板识图与深化设计，桁架钢筋混凝土叠合板识图与深化设计，预制钢筋混凝土板式楼梯识图与深化设计及预制钢筋混凝土阳台板、空调板和女儿墙识图与深化设计。本书结合高等职业教育的特点，立足基本概念的阐述，按照装配式混凝土建筑体系中的主要预制钢筋混凝土构件的识图与深化设计组织教材内容的编写，把"案例教学法""做中学、做中教"的思想贯穿于整个教材的编写过程，具有实用性、系统性和先进性的特色。

本书可作为高职高专院校建筑工程技术、智能建造技术、工程造价、建设工程管理及相关专业的教学用书，也可作为应用型本科院校、中职、培训机构及土建类工程技术人员的参考用书。

版权专有　侵权必究

图书在版编目（CIP）数据

装配式混凝土结构识图与深化设计 / 肖明和，于颖颖，杨勇主编. --2版. --北京：北京理工大学出版社，2023.7（2023.8重印）

ISBN 978-7-5763-2000-8

Ⅰ.①装… Ⅱ.①肖… ②于… ③杨… Ⅲ.①装配式混凝土结构—识图 ②装配式混凝土结构—结构设计 Ⅳ.①TU37

中国国家版本馆CIP数据核字（2023）第003934号

出版发行 / 北京理工大学出版社有限责任公司
社　　址 / 北京市丰台区四合庄路6号院
邮　　编 / 100070
电　　话 /（010）68914775（总编室）
　　　　　（010）82562903（教材售后服务热线）
　　　　　（010）68944723（其他图书服务热线）
网　　址 / http://www.bitpress.com.cn
经　　销 / 全国各地新华书店
印　　刷 / 河北鑫彩博图印刷有限公司
开　　本 / 787毫米×1092毫米　1/16
印　　张 / 12
字　　数 / 261千字
版　　次 / 2023年7月第2版　2023年8月第2次印刷
定　　价 / 39.50元

责任编辑 / 钟　博
文案编辑 / 钟　博
责任校对 / 周瑞红
责任印制 / 王美丽

图书出现印装质量问题，请拨打售后服务热线，本社负责调换

FOREWORD 第2版前言

党的二十大报告指出：加快构建新发展格局，着力推动高质量发展。推进新型工业化，加快建设制造强国、质量强国、航天强国、交通强国、网络强国、数字中国。坚持人民城市人民建、人民城市为人民，提高城市规划、建设、治理水平，加快转变超大特大城市发展方式，实施城市更新行动，加强城市基础设施建设，打造宜居、韧性、智慧城市。同时指出，加快建设国家战略人才力量，努力培养造就更多大师、战略科学家、一流科技领军人才和创新团队、青年科技人才、卓越工程师、大国工匠、高技能人才。真心爱才、悉心育才、倾心引才、精心用才。到二〇三五年，建成教育强国、科技强国、人才强国、文化强国、体育强国、健康中国，国家文化软实力显著增强。

青年强，则国家强。广大青年要坚定不移听党话、跟党走，怀抱梦想又脚踏实地，敢想敢为又善作善成，立志做有理想、敢担当、能吃苦、肯奋斗的新时代好青年，让青春在全面建设社会主义现代化国家的火热实践中绽放绚丽之花。本书编者在党的二十大政策方针的指导下，围绕"办好人民满意的教育""推进教育数字化"等原则对本书进行了完善和优化。

"装配式混凝土结构识图与深化设计"是高职土木建筑大类专业的专业基础课之一。本书第1版于2019年7月出版，本次修订，编者在第1版的基础上，根据《高等职业学校专业教学标准》中建筑工程技术等专业教学标准，结合国家大力发展装配式建筑的国家战略，以及《中华人民共和国国民经济和社会发展第十四个五年规划和2035年远景目标纲要》、国家《关于推动智能建造与建筑工业化协同发展的指导意见》等文件对发展智能建造，推广绿色建材、装配式建筑和钢结构住宅等的要求编写而成，加入了课程建设的新成果，重点突出任务教学、案例教学，以提高学生的实践应用能力。

本次修订，及时准确落实党的二十大精神进教材、进课堂、进头脑，充分发挥教材的铸魂育人功能，发挥教材在提升学生政治素养、职业道德、精细识图、工匠精神等方面的引领作用，创新教材呈现形式，实现"三全育人"。本书的特色如下。

（1）坚持正确的政治导向，弘扬劳动工匠风尚。本书以深化设计员所需的结构构件识图、构件深化设计能力为主线，培养学生能够适应工程建设艰苦行业和一线技术岗位，融入劳动光荣观念、精细识图观念、精细设计观念和工匠精神。

（2）围绕"实例分析+相关知识+任务实施+知识拓展"架构案例式教材体系。由于该课程构件种类多、知识点多，以"任务引领、实例导入"引出各任务要解决的主要问题，围绕主要问题阅读构件编号，理解构件标注内容，使学生带着目标、疑问学习，激发学生的求知欲。在任务实施环节，充分考虑任务、案例的典型性，采用清晰明了的图文对照形式呈现图中每项内容代表的含义，力求知识点全面融入。

（3）实现"岗课赛证"融通，推进"三教"改革。结合深化设计员岗位技能，"课岗

FOREWORD

对接"，教材内容对接深化设计员岗位标准；"课赛融合"，将装配式建筑技能大赛内容融入教材，以赛促教、以赛促学；"课证融通"，将"1+X"建筑工程识图职业技能等级证书内容融入教材，促进课证互嵌共生、互动共长。本书以国家规范分类构件任务为引领，以装配式混凝土结构识图和深化设计应用能力为主线，倡导学生在任务活动中熟练识图与深化设计。

（4）创新"互联网+"融媒体，建设立体化教学资源。本书以纸质教材为基础，建设了"教材+素材库+题库+教学课件+测评系统+名师授课录像+课程思政"的立体化教学资源。围绕"互联网+"，通过扫描二维码或链接 https://www.icve.com.cn/portal/courseinfo?courseid =uqutaaqrs6zna7gorp7ya，共享网络课程中的动画、微课、教学课件、习题等网络资源；围绕"+课程思政"，挖掘课程思政元素，特别是工程建设所需的家国情怀、工匠精神、劳动风尚、精细识图，设置精细化的识图案例，凸显"精细意识""责任意识"，教师和学生可以利用课程资源平台实现自学、训练、解惑、测试等全过程，有效实现线上线下的混合式教学。

本书由济南工程职业技术学院肖明和、于颖颖、杨勇任主编，由济南工程职业技术学院孟姗姗、李静文、张培明，山东天齐置业集团徐鹏飞任副主编，济南工程职业技术学院齐高林、王飞参编。根据不同专业需求，本课程建议安排32学时。针对培养学生实践技能的要求，编写组另外组织编写的与本书配套的《装配式混凝土结构构件生产与施工》《装配式建筑安全施工教程》等系列教材已同步出版，该系列教材重点突出实操技能培养，以真实的项目案例贯穿始终，结合虚拟仿真软件模拟实训，提高学生的实际应用能力，有助于学生更好地掌握装配式建筑技术的实践技能。本书由山东新之筑信息科技有限公司提供软件技术支持，并对本书提出很多建设性的宝贵意见，在此深表感谢。

本书在编写过程中参考了国内外同类教材和相关的资料，在此一并向原作者表示感谢，并对为本书付出辛勤劳动的编辑同志们表示衷心的感谢！由于编者水平有限，书中难免存在不足之处，敬请各位读者批评指正。联系 E-mail：1159325168@qq.com。

编　者

FOREWORD 第1版前言

随着我国职业教育事业快速发展，体系建设稳步推进，国家对职业教育越来越重视，并先后发布了《国务院关于加快发展现代职业教育的决定》（国发〔2014〕19号）和《教育部关于学习贯彻习近平总书记重要指示和全国职业教育工作会议精神的通知》（教职成〔2014〕6号）等文件。同时，随着建筑业的转型升级，"产业转型、人才先行"，国家陆续印发了《关于大力发展装配式建筑的指导意见》（国办发〔2016〕71号）、《建筑业发展"十三五"规划》（住建部2016年）和《"十三五"装配式建筑行动方案》（住建部2017年）等文件，文件中提及要加快培养与装配式建筑发展相适应的技术和管理人才，包括行业管理人才、企业领军人才、专业技术人员、经营管理人员和产业工人队伍。因此，为适应建筑职业教育新形式的需求，编写组深入企业一线，结合企业需求及装配式建筑的发展趋势，重新调整了建筑工程技术和工程造价等专业的人才培养定位，使岗位标准与培养目标、生产过程与教学过程、工作内容与教学项目对接，实现"近距离顶岗、零距离上岗"的培养目标。

本书根据高职高专院校土建类专业的人才培养目标、教学计划、装配式混凝土结构识图与深化设计课程的教学特点和要求，结合国家装配式建筑品牌专业群建设，按照装配式混凝土建筑体系中的主要预制钢筋混凝土构件的识图与深化设计组织教材内容的编写，理论联系实际，突出案例教学，以提高学生的实践应用能力，具有实用性、系统性和先进性的特色。本书由济南工程职业技术学院肖明和、杨勇共同创作完成。根据不同专业需求，本课程建议安排32学时。

本书在编写过程中参考了国内外同类教材和相关的资料，在此一并向原作者表示感谢，并对为本书付出辛勤劳动的编辑同志们表示衷心的感谢！

由于编者水平有限，书中难免有不足之处，敬请专家、读者批评指正。联系E-mail：1159325168@qq.com。

编 者

目录

绪论 ··· 1
0.1 装配式混凝土结构识图基础知识 ······ 1
    0.1.1 装配式混凝土结构图集适用范围 ··· 1
    0.1.2 混凝土结构抗震等级 ················ 1
    0.1.3 混凝土保护层最小厚度 ············· 3
    0.1.4 受拉钢筋的基本锚固长度和抗震基本
          锚固长度 ································ 5
    0.1.5 受拉钢筋的锚固长度和抗震锚固
          长度 ······································ 6
    0.1.6 纵向受拉钢筋的搭接长度和抗震
          搭接长度 ································ 7
0.2 装配式混凝土构件深化设计基础
    知识 ·· 10
    0.2.1 预制混凝土构件设计过程简介 ···· 10
    0.2.2 装配式混凝土结构设计技术要点 ··· 10
    0.2.3 建筑工程施工图设计深度要求 ······ 12
学习启示 ·· 13
小结 ··· 13
习题 ··· 13

**任务1 预制混凝土外墙板识图与深化
        设计** ·· 14
实例1.1 无洞口预制混凝土外墙板识图 ··· 14
    1.1.1 实例分析 ···························· 14
    1.1.2 相关知识 ···························· 21
    1.1.3 任务实施 ···························· 29
    1.1.4 知识拓展 ···························· 31
实例1.2 有洞口预制混凝土外墙板识图 ··· 33
    1.2.1 实例分析 ···························· 33
    1.2.2 相关知识 ···························· 37

    1.2.3 任务实施 ···························· 37
    1.2.4 知识拓展 ···························· 39
实例1.3 预制混凝土外墙板深化设计 ······ 41
    1.3.1 实例分析 ···························· 41
    1.3.2 相关知识 ···························· 42
    1.3.3 任务实施 ···························· 52
    1.3.4 知识拓展 ···························· 59
学习启示 ·· 61
小结 ··· 62
习题 ··· 62

**任务2 预制混凝土内墙板识图与深化
        设计** ·· 65
实例2.1 无洞口预制混凝土内墙板识图 ··· 65
    2.1.1 实例分析 ···························· 65
    2.1.2 相关知识 ···························· 69
    2.1.3 任务实施 ···························· 70
    2.1.4 知识拓展 ···························· 71
实例2.2 有洞口预制混凝土内墙板识图 ··· 72
    2.2.1 实例分析 ···························· 72
    2.2.2 相关知识 ···························· 76
    2.2.3 任务实施 ···························· 76
    2.2.4 知识拓展 ···························· 78
实例2.3 预制混凝土内墙板深化设计 ······ 81
    2.3.1 实例分析 ···························· 81
    2.3.2 相关知识 ···························· 82
    2.3.3 任务实施 ···························· 85
    2.3.4 知识拓展 ···························· 87
学习启示 ·· 89
小结 ··· 89
习题 ··· 89

任务3 桁架钢筋混凝土叠合板识图与深化设计 ... 92

实例3.1 双向桁架钢筋混凝土叠合板识图 ... 92
- 3.1.1 实例分析 ... 92
- 3.1.2 相关知识 ... 95
- 3.1.3 任务实施 ... 99
- 3.1.4 知识拓展 ... 100

实例3.2 单向桁架钢筋混凝土叠合板识图 ... 102
- 3.2.1 实例分析 ... 102
- 3.2.2 相关知识 ... 104
- 3.2.3 任务实施 ... 106
- 3.2.4 知识拓展 ... 107

实例3.3 桁架钢筋混凝土叠合板深化设计 ... 109
- 3.3.1 实例分析 ... 109
- 3.3.2 相关知识 ... 109
- 3.3.3 任务实施 ... 117
- 3.3.4 知识拓展 ... 122

学习启示 ... 124
小结 ... 125
习题 ... 125

任务4 预制钢筋混凝土板式楼梯识图与深化设计 ... 126

实例4.1 预制钢筋混凝土双跑楼梯识图 ... 126
- 4.1.1 实例分析 ... 126
- 4.1.2 相关知识 ... 129
- 4.1.3 任务实施 ... 131
- 4.1.4 知识拓展 ... 136

实例4.2 预制钢筋混凝土剪刀楼梯识图 ... 139
- 4.2.1 实例分析 ... 139
- 4.2.2 相关知识 ... 139
- 4.2.3 任务实施 ... 143
- 4.2.4 知识拓展 ... 147

实例4.3 预制钢筋混凝土板式楼梯深化设计 ... 150
- 4.3.1 实例分析 ... 150
- 4.3.2 相关知识 ... 151
- 4.3.3 任务实施 ... 153

学习启示 ... 154
小结 ... 155
习题 ... 155

任务5 预制钢筋混凝土阳台板、空调板和女儿墙识图与深化设计 ... 156

实例5.1 预制钢筋混凝土阳台板、空调板和女儿墙识图 ... 156
- 5.1.1 实例分析 ... 156
- 5.1.2 相关知识 ... 163
- 5.1.3 任务实施 ... 166
- 5.1.4 知识拓展 ... 168

实例5.2 预制钢筋混凝土阳台板、空调板和女儿墙深化设计 ... 173
- 5.2.1 实例分析 ... 173
- 5.2.2 相关知识 ... 173
- 5.2.3 任务实施 ... 179

学习启示 ... 181
小结 ... 181
习题 ... 181

参考文献 ... 183

绪 论

> **学习目标**
>
> **知识目标**：掌握装配式混凝土结构图集的适用范围、混凝土结构抗震等级的确定方法、混凝土保护层最小厚度的确定方法及装配式混凝土结构设计技术要点、建筑工程施工图设计深度要求。
>
> **能力目标**：能够确定钢筋连接、锚固及搭接长度；能够确定受拉钢筋的锚固长度和抗震锚固长度；能够确定纵向受拉钢筋的搭接长度和抗震搭接长度。
>
> **素质目标**：养成精细识读国家标准图集的良好作风；精研细磨钢筋长度计算规定，培养一丝不苟的工匠精神和劳动风尚，凸显"精细意识""责任意识"。

0.1 装配式混凝土结构识图基础知识

0.1.1 装配式混凝土结构图集适用范围

课程思政　　课程网络资源

装配式混凝土结构标准图集包括《装配式混凝土结构连接节点构造》(15G310—1~2)、《预制混凝土剪力墙外墙板》(15G365—1)、《预制混凝土剪力墙内墙板》(15G365—2)、《桁架钢筋混凝土叠合板(60 mm 厚底板)》(15G366—1)、《预制钢筋混凝土板式楼梯》(15G367—1)、《预制钢筋混凝土阳台板、空调板及女儿墙》(15G368—1)、《装配式混凝土结构表示方法及示例(剪力墙结构)》(15G107—1)、《装配式混凝土结构住宅建筑设计示例(剪力墙结构)》(15J939—1)等，如图 0-1 所示。其适用于非抗震和抗震设防烈度为 6~8 度地区的装配式混凝土剪力墙结构住宅施工图的设计，其他类型建筑可参考使用。其制图规则既是设计者完成装配式混凝土剪力墙结构施工图的依据，也是施工、构件加工、监理人员准确理解装配式混凝土剪力墙结构施工图表示方法的参考。

0.1.2 混凝土结构抗震等级

装配整体式混凝土结构构件的抗震设计，应根据设防类别、烈度、结构类型和房屋高度采用不同的抗震等级，并应符合相应的计算和构造措施要求。丙类建筑装配整体式混凝土结构的抗

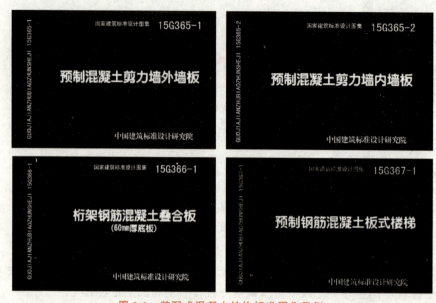

图 0-1 装配式混凝土结构标准图集示例

震等级应按表 0-1 确定。其他抗震设防类别和特殊场地类别下的建筑应符合国家现行标准《建筑抗震设计规范(2016 年版)》(GB 50011—2010)、《装配式混凝土结构技术规程》(JGJ 1—2014)、《高层建筑混凝土结构技术规程》(JGJ 3—2010)中对抗震措施进行调整的规定。

表 0-1 丙类建筑装配整体式混凝土结构的抗震等级

结构类型		抗震设防烈度					
		6		7		8	
装配整体式框架结构	高度/m	≤24	>24	≤24	>24	≤24	>24
	框架	四	三	三	二	二	一
	大跨度框架	三		二		一	
装配整体式框架-现浇剪力墙结构	高度/m	≤60	>60	≤24	>24 且 ≤60	>60	≤24	>24 且 ≤60	>60
	框架	四	三	四	三	二	三	二
	剪力墙	三	三	三	二	二	一
装配整体式框架-现浇核心筒结构	框架	三		二		一	
	核心筒	二		二		一	
装配整体式剪力墙结构	高度/m	≤70	>70	≤24	>24 且 ≤70	>70	≤24	>24 且 ≤70	>70
	剪力墙	四	三	四	三	二	三	二	一

续表

结构类型		抗震设防烈度						
		6		7			8	
	高度	≤70	>70	≤24	>24且≤70	>70	≤24	>24且≤70
装配整体式部分框支剪力墙结构	现浇框支框架	二	二	二	二	一	一	一
	底部加强部位剪力墙	三	二	三	二	一	一	一
	其他区域剪力墙	四	三	四	三	二	三	二

注：1. 大跨度框架是指跨度不小于 18 m 的框架。
2. 高度不超过 60 m 的装配整体式框架-现浇核心筒结构按装配整体式框架-现浇剪力墙的要求设计时，应按表中装配整体式框架-现浇剪力墙结构的规定确定其抗震等级。

0.1.3 混凝土保护层最小厚度

为了防止钢筋锈蚀，增强钢筋与混凝土之间的黏结力及钢筋的防火能力，在钢筋混凝土构件中钢筋的外边缘至构件表面应留有一定厚度的混凝土，称为保护层，如图 0-2 所示。

钢筋混凝土典型构件钢筋保护层

(a)

塑料卡

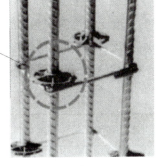

(b)

(c)

图 0-2 钢筋的保护层
(a)板的钢筋保护层；(b)柱的钢筋保护层；(c)墙的钢筋保护层

影响混凝土保护层厚度的四大因素包括环境类别、构件类型、混凝土强度等级及结构设计使用年限。不同环境类别的混凝土保护层的最小厚度应符合表0-2的规定。

表0-2　混凝土保护层的最小厚度(混凝土强度等级≥C30)　　　　mm

环境类别	板、墙、壳	梁、柱、杆
一	15	20
二a	20	25
二b	25	35
三a	30	40
三b	40	50

(1)表0-2中混凝土保护层厚度指最外层钢筋外边缘至混凝土表面的距离,适用于设计使用年限为50年的混凝土结构。

(2)构件中受力钢筋的保护层厚度不应小于钢筋的公称直径。

(3)一类环境中,设计使用年限为100年的混凝土结构最外层钢筋的保护层厚度不应小于表0-2中数值的1.4倍;二、三类环境中,应采取专门的有效措施。四类和五类环境类别的混凝土结构,其耐久性要求应符合国家现行有关标准的规定。

例如:环境类别为一类,结构设计使用年限为100年的框架梁,混凝土强度等级为C30,其混凝土保护层的最小厚度应为$20 \times 1.4 = 28 (mm)$。

(4)混凝土强度等级为C25时,表0-2中保护层厚度数值应增加5 mm。

例如:结构设计使用年限为50年的混凝土结构,其混凝土强度等级为C25,则表0-2中各类构件混凝土保护层的最小厚度见表0-3。

表0-3　混凝土保护层的最小厚度(混凝土强度等级为C25)　　　　mm

环境类别	板、墙、壳	梁、柱、杆
一	20	25
二a	25	30
二b	30	40
三a	35	45
三b	45	55

(5)钢筋混凝土基础底面钢筋的保护层厚度,有混凝土垫层时应从垫层顶面算起,且不应小于40 mm,无垫层时不应小于70 mm。

(6)混凝土结构的环境类别见表0-4。

表 0-4 混凝土结构的环境类别

环境类别	条件
一	室内干燥环境;无侵蚀性静水浸没环境
二 a	室内潮湿环境; 非严寒和非寒冷地区的露天环境; 非严寒和非寒冷地区与无侵蚀性的水或土壤直接接触的环境; 严寒和寒冷地区的冰冻线以下与无侵蚀性的水或土壤直接接触的环境
二 b	干湿交替环境; 水位频繁变动环境; 严寒和寒冷地区的露天环境; 严寒和寒冷地区冰冻线以上与无侵蚀性的水或土壤直接接触的环境
三 a	严寒和寒冷地区冬季水位变动区环境; 受除冰盐影响环境; 海风环境
三 b	盐渍土环境; 受除冰盐作用环境; 海岸环境
四	海水环境
五	受人为或自然的侵蚀性物质影响的环境

注:在实际工程施工图中,如果用到环境类别,则一般由设计单位在施工图中直接标明,无须由施工单位、监理单位等进行判定。

0.1.4 受拉钢筋的基本锚固长度和抗震基本锚固长度

参考 22G101 系列图集中的相关规定,受拉钢筋的基本锚固长度 l_{ab}、抗震基本锚固长度 l_{abE} 分别见表 0-5 和表 0-6。

22G101-1
现浇混凝土框架、剪力墙、梁、板

表 0-5 受拉钢筋的基本锚固长度 l_{ab}

钢筋种类	混凝土强度等级							
	C25	C30	C35	C40	C45	C50	C55	≥C60
HPB300	$34d$	$30d$	$28d$	$25d$	$24d$	$23d$	$22d$	$21d$
HRB400、HRBF400 RRB400	$40d$	$35d$	$32d$	$29d$	$28d$	$27d$	$26d$	$25d$
HRB500、HRBF500	$48d$	$43d$	$39d$	$36d$	$34d$	$32d$	$31d$	$30d$

表 0-6 受拉钢筋的抗震基本锚固长度 l_{abE}

钢筋种类		混凝土强度等级							
		C25	C30	C35	C40	C45	C50	C55	≥C60
HPB300	一、二级	39d	35d	32d	29d	28d	26d	25d	24d
	三级	36d	32d	29d	26d	25d	24d	23d	22d
HRB400、HRBF400	一、二级	46d	40d	37d	33d	32d	31d	30d	29d
	三级	42d	37d	34d	30d	29d	28d	27d	26d
HRB500、HRBF500	一、二级	55d	49d	45d	41d	39d	37d	36d	35d
	三级	50d	45d	41d	38d	36d	34d	33d	32d

注：1. 四级抗震时，$l_{abE}=l_{ab}$。
2. 混凝土强度等级应取锚固区的混凝土强度等级。
3. 当锚固钢筋的保护层厚度不大于 5d 时，锚固钢筋长度范围内应设置横向构造钢筋，其直径不应小于 d/4（d 为锚固钢筋的最大直径）；对梁、柱等构件间距不应大于 5d，对板、墙等构件不应大于 10d，且均不应大于 100（d 为锚固钢筋的最小直径）。

0.1.5 受拉钢筋的锚固长度和抗震锚固长度

参考 22G101 系列图集中的相关规定，受拉钢筋的锚固长度 l_a、抗震锚固长度 l_{aE} 分别见表 0-7 和表 0-8。

表 0-7 受拉钢筋的锚固长度 l_a

钢筋种类	混凝土强度等级															
	C25		C30		C35		C40		C45		C50		C55		≥C60	
	d≤25	d>25	d≤25	d>25	d≤25	d>25	d≤25	d>25	d≤25	d>25	d≤25	d>25	d≤25	d>25	d≤25	d>25
HPB300	34d	—	30d	—	28d	—	25d	—	24d	—	23d	—	22d	—	21d	—
HRB400、HRBF400、RRB400	40d	44d	35d	39d	32d	35d	29d	32d	28d	31d	27d	30d	26d	29d	25d	28d
HRB500、HRBF500	48d	53d	43d	47d	39d	43d	36d	40d	34d	37d	32d	35d	31d	34d	30d	33d

表 0-8 受拉钢筋的抗震锚固长度 l_{aE}

钢筋种类及抗震等级		混凝土强度等级															
		C25		C30		C35		C40		C45		C50		C55		≥C60	
		d≤25	d>25	d≤25	d>25	d≤25	d>25	d≤25	d>25	d≤25	d>25	d≤25	d>25	d≤25	d>25	d≤25	d>25
HPB300	一、二级	39d	—	35d	—	32d	—	29d	—	28d	—	26d	—	25d	—	24d	—

续表

钢筋种类及抗震等级		混凝土强度等级												
		C25		C30		C35		C40		C45		C50		C55		≥C60
		$d \leq 25$	$d > 25$	$d \leq 25$	$d > 25$	$d \leq 25$	$d > 25$	$d \leq 25$	$d > 25$	$d \leq 25$	$d > 25$	$d \leq 25$	$d > 25$	$d \leq 25$	$d > 25$
HPB300	三级	36d	—	32d	—	29d	—	26d	—	25d	—	24d	—	23d	—	22d	—
HRB400、HRBF400	一、二级	46d	51d	40d	45d	37d	40d	33d	37d	32d	36d	31d	35d	30d	33d	29d	32d
	三级	42d	46d	37d	41d	34d	37d	30d	34d	29d	33d	28d	32d	27d	30d	26d	29d
HRB500、HRBF500	一、二级	55d	61d	49d	54d	45d	49d	41d	46d	39d	43d	37d	40d	36d	39d	35d	38d
	三级	50d	56d	45d	49d	41d	45d	38d	42d	36d	39d	34d	37d	33d	36d	32d	35d

注：1. 当为环氧树脂涂层带肋钢筋时，表中数据还应乘以 1.25。
2. 当纵向受拉钢筋在施工过程中易受扰动时，表中数据还应乘以 1.1。
3. 当锚固区长度范围内纵向受力钢筋周边保护层厚度为 3d（d 为锚固钢筋的直径）时，表中数据可乘以 0.8；保护层厚度不小于 5d 时，表中数据可乘以 0.7，中间时按内插值。
4. 当纵向受拉普通钢筋锚固长度修正系数（注 1～注 3）多于 1 项时，可按连乘计算。
5. 受拉钢筋的锚固长度 l_a、l_{aE} 计算值不应小于 200 mm。
6. 四级抗震时，$l_{aE}=l_a$。
7. 当锚固钢筋的保护层厚度不大于 5d 时，锚固钢筋长度范围内应设置横向构造钢筋，其直径不应小于 d/4（d 为锚固钢筋的最大直径）；对梁、柱等构件间距不应大于 5d，对板、墙等构件不应大于 10d，且均不应大于 100（d 为锚固钢筋的最小直径）。
8. HPB300 钢筋末端应做 180°弯钩。
9. 混凝土强度等级应取锚固区的混凝土强度等级。

0.1.6 纵向受拉钢筋的搭接长度和抗震搭接长度

参考 22G101 系列图集中的相关规定，纵向受拉钢筋的搭接长度 l_l、抗震搭接长度 l_{lE} 分别见表 0-9 和表 0-10。

表 0-9 纵向受拉钢筋的搭接长度 l_l

钢筋种类及同一区段内搭接钢筋面积百分率		混凝土强度等级														
		C25		C30		C35		C40		C45		C50		C55		≥C60
		$d \leq 25$	$d > 25$	$d \leq 25$	$d > 25$	$d \leq 25$	$d > 25$	$d \leq 25$	$d > 25$	$d \leq 25$	$d > 25$	$d \leq 25$	$d > 25$	$d \leq 25$	$d > 25$	$d \leq 25$	$d > 25$
HPB300	≤25%	41d	—	36d	—	34d	—	30d	—	29d	—	28d	—	26d	—	25d	—
	50%	48d	—	42d	—	39d	—	35d	—	34d	—	32d	—	31d	—	29d	—
	100%	54d	—	48d	—	45d	—	40d	—	38d	—	37d	—	35d	—	34d	—

续表

钢筋种类及同一区段内搭接钢筋面积百分率		混凝土强度等级														
		C25		C30		C35		C40		C45		C50		C55		≥C60
		$d{\leqslant}25$	$d{>}25$	$d{\leqslant}25$	$d{>}25$	$d{\leqslant}25$	$d{>}25$	$d{\leqslant}25$	$d{>}25$	$d{\leqslant}25$	$d{>}25$	$d{\leqslant}25$	$d{>}25$	$d{\leqslant}25$	$d{>}25$	$d{\leqslant}25$	$d{>}25$
HRB400、HRBF400、RRB400	≤25%	48d	53d	42d	47d	38d	42d	35d	38d	34d	37d	32d	36d	31d	35d	30d	34d
	50%	56d	62d	49d	55d	45d	49d	41d	45d	39d	43d	38d	42d	36d	41d	35d	39d
	100%	64d	70d	56d	62d	51d	56d	46d	51d	45d	50d	43d	48d	42d	46d	40d	45d
HRB500、HRBF500	≤25%	58d	64d	52d	56d	47d	52d	43d	48d	41d	44d	38d	42d	37d	41d	36d	40d
	50%	67d	74d	60d	66d	55d	60d	50d	56d	48d	52d	45d	49d	43d	48d	42d	46d
	100%	77d	85d	69d	75d	62d	69d	58d	64d	54d	59d	51d	56d	50d	54d	48d	53d

注：1. 表中数值为纵向受拉钢筋绑扎搭接接头的搭接长度。
2. 当两根不同直径的钢筋搭接时，表中 d 取较小钢筋直径。
3. 当为环氧树脂涂层带肋钢筋时，表中数据还应乘以 1.25。
4. 当纵向受拉钢筋在施工过程中易受扰动时，表中数据还应乘以 1.1。
5. 当搭接长度范围内纵向受力钢筋周边保护层厚度为 $3d$（d 为锚固钢筋的直径）时，表中数据可乘以 0.8；保护层厚度不小于 $5d$ 时，表中数据可乘以 0.7，中间时按内插值。
6. 当上述修正系数（注3～注5）多于 1 项时，可按连乘计算。
7. 任何情况下，搭接长度不应小于 300 mm。
8. 当位于同一连接区段内的钢筋搭接接头面积百分率为表中数据中间值时，搭接长度可按内插取值。
9. HPB300 级钢筋末端应做 180°弯钩。

表 0-10 纵向受拉钢筋的抗震搭接长度 l_{lE}

钢筋种类及同一区段内搭接钢筋面积百分率		C25		C30		C35		C40		C45		C50		C55		≥C60	
		d≤25	d>25	d≤25	d>25	d≤25	d>25	d≤25	d>25	d≤25	d>25	d≤25	d>25	d≤25	d>25	d≤25	d>25
一、二级抗震等级	HPB300 ≤25%	47d	—	42d	—	38d	—	35d	—	34d	—	31d	—	30d	—	29d	—
	HPB300 50%	55d	—	49d	—	45d	—	41d	—	39d	—	36d	—	35d	—	34d	—
	HRB400、HRBF400 ≤25%	55d	61d	48d	54d	44d	48d	40d	44d	38d	43d	37d	42d	36d	40d	35d	38d
	HRB400、HRBF400 50%	64d	71d	56d	63d	52d	56d	46d	52d	45d	50d	43d	49d	42d	46d	41d	45d
	HRB500、HRBF500 ≤25%	66d	73d	59d	65d	54d	59d	49d	55d	47d	52d	44d	48d	43d	47d	42d	46d
	HRB500、HRBF500 50%	77d	85d	69d	76d	63d	69d	57d	64d	55d	60d	52d	56d	50d	55d	49d	53d
三级抗震等级	HPB300 ≤25%	43d	—	38d	—	35d	—	31d	—	30d	—	29d	—	28d	—	26d	—
	HPB300 50%	50d	—	45d	—	41d	—	36d	—	35d	—	34d	—	32d	—	31d	—
	HRB400、HRBF400 ≤25%	50d	55d	44d	49d	41d	44d	36d	41d	35d	40d	34d	38d	32d	36d	31d	35d
	HRB400、HRBF400 50%	59d	64d	52d	57d	48d	52d	42d	48d	41d	46d	39d	45d	38d	42d	36d	41d
	HRB500、HRBF500 ≤25%	60d	67d	54d	59d	49d	54d	46d	50d	43d	47d	41d	44d	40d	43d	38d	42d
	HRB500、HRBF500 50%	70d	78d	63d	69d	57d	63d	53d	59d	50d	55d	48d	52d	46d	50d	45d	49d

注：
1. 表中数值为纵向直径相同钢筋绑扎搭接头的搭接长度。
2. 两根不同直径钢筋搭接时，表中d取较小钢筋直径。
3. 当为环氧树脂涂层带肋钢筋时，表中数据还应乘以1.25。
4. 当纵向受拉钢筋在施工过程中易受扰动时，表中数据还应乘以1.1。
5. 四级抗震等级时，$l_{lE}=l_l$。
6. 当搭接长度范围内纵向受力钢筋周边保护层厚度为3d（d为搭接钢筋的直径）时，表中数据可乘以0.8；保护层厚度不小于5d时，表中数据可乘以0.7，中间时按内插值。
7. 上述修正系数（注3～注5多于1项时，可连乘计算。
8. 任何情况下，搭接长度不应小于300。
9. 当位于同一连接区段内的钢筋搭接接头面积百分率为100%时，$l_{lE}=1.6l_{aE}$。
10. 当同一连接区段内纵向受拉钢筋搭接接头面积百分率为表中数据中间值时，搭接长度可按内插取值。
11. HPB300级钢筋末端应做180°弯钩。

0.2 装配式混凝土构件深化设计基础知识

0.2.1 预制混凝土构件设计过程简介

预制构件加工图设计流程：前期技术策划→建筑施工图设计→预制构件深化设计→预制构件模板图→预制构件配筋图→预制构件预埋预留图（水、电预埋件，门窗预埋预留）→预制构件综合加工图→模具设计图。

1. 前期技术策划

前期技术策划对项目的实施起到十分重要的作用，设计单位应充分了解项目定位、建设规模、产业化目标、成本限额、外部条件等影响因素，制订合理的建筑设计方案，提高预制构件的标准化程度，并与建设单位共同确定技术实施方案，为后续的设计工作提供依据。

建筑方案设计应根据技术策划要点，做好平面设计和立面设计。平面设计在保证满足使用功能的基础上，遵循"少规格、多组合"的设计原则，实现功能单元设计的标准化与系列化。立面设计宜考虑构件生产加工的可能性，根据装配式建造方式的特点，实现立面设计的个性化和多样化。

装配式混凝土结构的深化设计是生产前重要的准备工作之一，由于工作量大、图纸多，涉及专业多，一般由建筑设计单位或专业的第三方单位进行预制构件深化设计。建筑设计可采用 BIM 技术，协同完成各专业的设计内容，提高设计精度。预制构件的设计应遵循标准化、模数化原则，尽量减少构件类型，提高构件的标准化程度，降低工程造价。

2. 建筑施工图设计

建筑施工图设计应遵循当地施工条件的要求，结合现行国家设计规范进行设计，达到施工图设计深度，预制构件生产企业应参与施工图图纸会审，并提出相关意见。

3. 预制构件深化设计

在将预制混凝土构件拆分成相互独立的预制构件后，在后期的设计过程中重点考虑构件连接构造、水电管线预埋、门窗与其他埋件的预埋、吊装及施工必需的预埋件、预留孔洞等，同时要考虑方便模具加工和构件生产效率、现场施工吊运能力限制等因素。一般每个预制构件都要绘制独立的构件模板图、配筋图、预留预埋件图，对于复杂情况需要制作三维视图。构件模板图、配筋图、预留预埋件图等在符合国家标准图集的基础上可直接选用标准图集的构造做法。

0.2.2 装配式混凝土结构设计技术要点

(1)装配整体式混凝土建筑应进行标准化、定型化设计。

1)装配整体式混凝土建筑应进行标准化设计，实现设计项目的定型化，使基本单元、构件、建筑部品重复使用率高，以满足工业化生产的要求。

2)标准化设计应结合本地区的气候等自然条件和技术经济的发展水平。

3）项目应采用模块化设计方法，建立适用于本地区的户型模块、单元模块和建筑功能模块，符合"少规格、多组合"的要求。

（2）标准层组合平面、基本户型设计应符合下列要求：

1）宜采用大空间的平面布局形式，合理布置承重墙及管井位置。在满足住宅基本功能的基础上，实现空间的灵活性、可变性。公共空间及户内各功能空间分区明确、布局合理。

2）主体结构布置宜简单、规则，承重墙体上下对应贯通，平面凹凸变化不宜过多、过深。平面体型符合结合设计的基本原则和要求。

3）住宅平面设计应考虑卫生间，厨房与其设施、设备布置的标准化及合理性，竖向管线宜集中设置管井，并宜优先采用集成式卫生间和厨房。

（3）预制构件的标准化设计应符合下列要求：

1）预制梁、预制柱、预制外承重墙板、预制内承重墙板、预制外挂墙板等在单体建筑中规格少，在同类型构件中具有一定的重复使用率。

2）预制楼板、预制楼梯、预制内隔墙板等在单体建筑中规格少，在同类构件中具有一定的重复使用率。

3）外窗、集成式卫生间、整体橱柜、储物间等室内建筑部品在单体建筑中重复使用率高，并采用标准化接口、工厂化生产、装配化施工。

4）构件设计应综合考虑对装配化施工的安装调节和施工偏差配合要求。

（4）非承重的预制外墙板、内墙板应与主体结构可靠连接，接缝处理应满足保温、防水、防火、隔声的要求。

（5）预制外挂墙板的接缝及门窗洞口等防水薄弱部位宜采用材料防水和构造防水相结合的做法，并应符合下列规定：

1）墙板水平缝宜采用高低缝或企口缝构造。

2）墙板竖缝可采用平口或槽口构造。

3）当板缝空腔需设置导水管排水时，板缝内侧应增设气密密封构造。

4）缝内应采用聚乙烯等背衬材料填塞后用耐候性密封胶密封。

（6）预制外墙的接缝（包括屋面女儿墙、阳台、勒脚等处的竖缝、水平缝、十字缝及窗口处）应根据工程特点和自然条件等，确定防水设防要求，进行防水设计。垂直缝宜选用结构防水与材料防水相结合的两道防水构造，水平缝宜选用构造防水与材料防水相结合的两道防水构造。

（7）外墙板接缝处的密封胶应选用耐候性密封胶，其具有与混凝土的相容性、低温柔性、防霉性及耐水性等材料性能；其最大伸缩变形量、剪切变形性能应满足设计要求。

0.2.3　建筑工程施工图设计深度要求

1. 建筑专业施工图设计深度要求

建筑专业施工图设计文件包括图纸目录、设计总说明、建筑总体布置类设计图、建筑平立剖面设计图、建筑大样设计图等。

（1）图纸目录。先列新绘制的图纸，后列所选用的标准图纸或重复利用的图纸。

(2)设计总说明。包括设计依据、项目概况、设计范围与分工、设计坐标与高程系统、基本说明与要求、建筑施工放线要求、无障碍设计、建筑做法说明、门窗统计表与立面大样图、建筑防火设计专篇、绿色建筑设计专篇、人防设计专篇、噪声控制设计、采用新技术(新材料)的做法说明或特殊要求的做法说明,以及有关专业设计项目的特殊说明等。

(3)建筑总体布置类设计图。包括总平面定位图、防火分区示意图、轴网定位图、组合平面图等。

(4)建筑平立剖面设计图。主要表示房屋的总体布局、内外形状、大小、构造等,其具体表达形式同传统建筑平立剖面图基本相同。

(5)建筑大样设计图。建筑大样设计图应表示建筑各部位的建筑构造及实体定量的问题,要能够指导施工和设备安装。除平立剖面图外,还应绘制详图,详图表示各个部位的用料、做法、形式、尺寸、细部构造等。有些详图还应与结构、设备、电气等专业密切配合,以避免专业矛盾。建筑大样设计图具体表达内容同传统建筑大样图基本相同。

2. 结构专业施工图设计深度要求

结构专业施工图设计文件包括图纸目录、结构设计总说明、基础结构设计平面图及详图、上部结构设计平面图、结构构件设计详图等。

(1)图纸目录。先列新绘制的图纸,后列所选用的标准图纸或重复利用的图纸。

(2)结构设计总说明。包括结构工程概况、设计依据、结构分析所采用的计算程序、荷载选用、基础方案和设计要求、结构材料、抗震要求、施工验收规范,以及特殊结构对施工的特殊要求、对施工质量的要求、对检验或检测等的要求。

(3)基础结构设计平面图及详图。包括基础结构设计平面图、桩基础结构设计平面图、桩基础设计详图。

(4)钢筋混凝土柱、墙、梁、板及楼梯平法施工图的表达内容参见建筑工程识图相关教材。

(5)预制钢筋混凝土构件及节点详图。

1)预制钢筋混凝土构件详图应绘制出构件模板图和配筋图,构件简单时二者可合为一张图,详图应按下列要求绘制:

①构件模板图应表示模板尺寸、轴线关系,预留洞和预埋件的编号、位置、尺寸、必要的标高等;后张预应力构件还需表示预留孔道的定位尺寸、张拉端、锚固端等。

②构件配筋图中纵剖面应表示钢筋形式、箍筋直径与间距,横剖面应注明断面尺寸、钢筋的规格、位置、数量等。

2)预制装配式结构的节点,梁、柱与墙体连接等详图应绘出平面图、剖面图,注明相互之间的定位关系,构件代号、连接材料、附加钢筋(或埋件)的规格、型号、性能、数量,并说明连接方法,以及施工安装、后浇混凝土的有关要求等。

3)需要时补充必要的附加说明和对施工安装等的有关要求。

3. 结构专业与其他专业的协同设计要求

结构专业应向其他专业提供各楼层结构平面布置图(包括结构构件的尺寸、位置和标高),必要时提供反映构件相对位置的主要剖面详图。

(1)应配合其他专业预留穿地下室外墙的防水套管。结构施工图应说明没有绘制的那部分预留管线和洞口的预留要求,以及施工时与相关专业配合的要求。应与建筑和其他专业共同确定较大设备的运输路线和预留孔洞。

(2)应配合其他专业完成设备基础、混凝土水池、管沟等构筑物，以及电缆夹层和建筑内大型支架、吊架的设计。

(3)应配合其他专业在图纸中说明接地处所利用的结构基础钢筋的规格及连接要求。

(4)应配合其他专业设计结构构件上的主要预埋件，并对其他专业可能影响构件承载力的做法，如在钢结构构件上焊接挂件等提出控制要求。

学习启示

党的二十大报告指出，全面建成社会主义现代化强国，总的战略安排是分两步走：从二〇二〇年到二〇三五年基本实现社会主义现代化；从二〇三五年到本世纪中叶把我国建成富强民主文明和谐美丽的社会主义现代化强国。通过火神山、雷神山医院的工程案例，让学生感受到中国速度、中国精神，更充分展现团结拼搏的中国力量，激发学生自信自立、建设中国特色社会主义事业的责任感和使命感。

小 结

通过本部分的学习，要求学生掌握装配式混凝土结构图集的适用范围，混凝土结构抗震等级的确定，混凝土保护层最小厚度的确定，钢筋连接、锚固及搭接长度的确定，受拉钢筋的锚固长度和抗震锚固长度的确定，以及装配式混凝土构件深化设计等基础知识。

习 题

1. 简述装配式混凝土结构图集的适用范围。
2. 确定混凝土结构抗震等级的影响因素有哪些？
3. 确定混凝土保护层最小厚度的影响因素有哪些？
4. 钢筋连接、锚固及搭接长度的确定与哪些因素有关？
5. 纵向受拉钢筋的锚固长度和抗震锚固长度的确定与哪些因素有关？

任务 1　预制混凝土外墙板识图与深化设计

> **学习目标**
>
> **知识目标**：掌握预制外墙板类型与编号规定、预制外墙板列表注写内容、后浇段表示内容；掌握外墙板构造要求、外墙板竖向接缝构造、外墙板水平接缝构造、预制墙竖向钢筋连接构造、预制墙竖向钢筋在变截面处和顶部的构造等。
>
> **能力目标**：能够正确识读预制混凝土外墙板模板图、配筋图、预埋件布置图、节点详图、钢筋表与预埋件表；能够进行预制混凝土外墙板的深化设计。
>
> **素质目标**：养成精细识读、精细设计预制混凝土外墙板施工图的良好作风；精研细磨预制外墙板构造，增强岗位认同感、责任感、幸福感；培养精益求精、创新、奋斗的工匠精神。

实例 1.1　无洞口预制混凝土外墙板识图

1.1.1　实例分析

某公司技术员王某接到某工程无洞口预制混凝土剪力墙外墙的生产任务，其外墙板示意如图 1-1 所示。该工程预制混凝土剪力墙外墙板类型选用图集《预制混凝土剪力墙外墙板》(15G365—1)中编号为 WQ-3028 的剪力墙，其工程概况如下：预制外墙板外叶墙板按二 a 类环境类别设计，最外层钢筋保护层厚度按 20 mm 设计，外叶墙板如有瓷砖饰面或环境类别不同时可由设计调整，钢筋最小保护层厚度不应小于 15 mm，内叶墙板按一类环境类别设计，配筋图中已标明钢筋定位，如有调整，钢筋最小保护层厚度不应小于 15 mm；上、下层预制外墙板的竖向钢筋采用套筒灌浆连接，相邻预制外墙板之

课程思政

课程网络资源

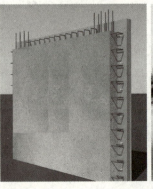

图 1-1　无洞口预制混凝土剪力墙外墙板示意

间的水平钢筋采用整体式接缝连接；预制外墙板中承重内叶墙板厚度为200 mm，外叶墙板厚度为60 mm，中间夹心保温层厚度 t 为30~100 mm；楼板和预制阳台板的厚度为130 mm；混凝土强度等级为C30，三级抗震；外叶墙板钢筋采用冷轧带肋钢筋（ϕ^R），其他钢筋均采用HRB400级，钢材采用Q235-B级钢材；灌浆套筒和套筒灌浆料应符合现行国家有关标准的规定，构件吊装用吊件、临时支撑用预埋螺母等其他预埋件应符合国家现行有关标准的规定；预制外墙板中保温材料采用挤塑聚苯板（XPS），外墙板密封材料应满足现行国家有关标准的要求。

王某若要完成该外墙板的生产任务，必须先结合标准图集及工程概况完成该外墙板的识图任务。该外墙板索引图、模板图、配筋图及节点详图如图1-2~图1-5所示，WQ选用表见表1-1，预制墙板预埋件示意图见表1-2。

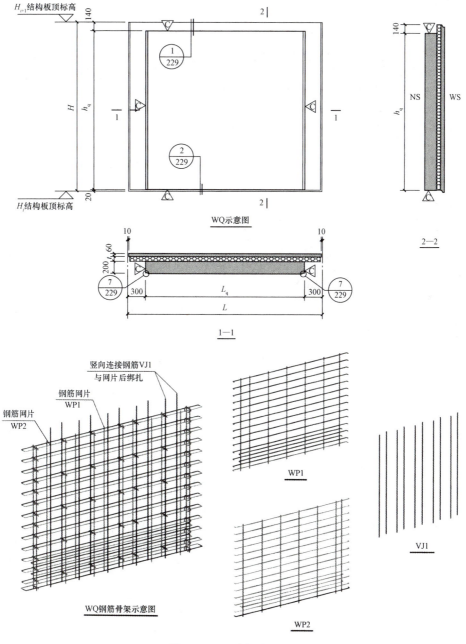

图1-2　WQ墙板索引图

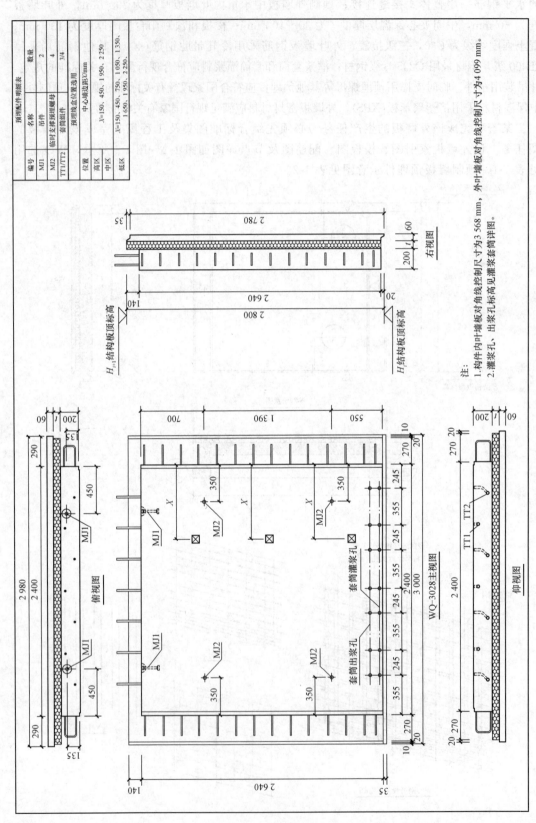

图1-3 WQ-3028模板图

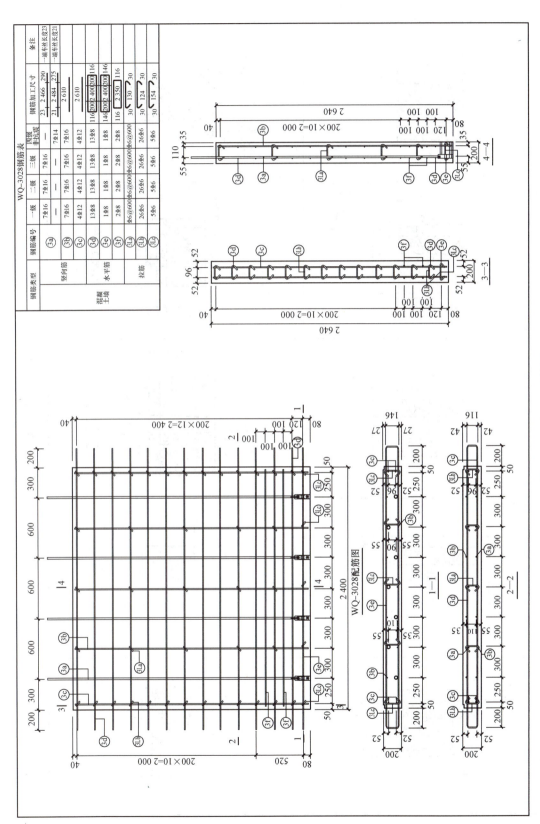

图 1-4 WQ-3028 配筋图

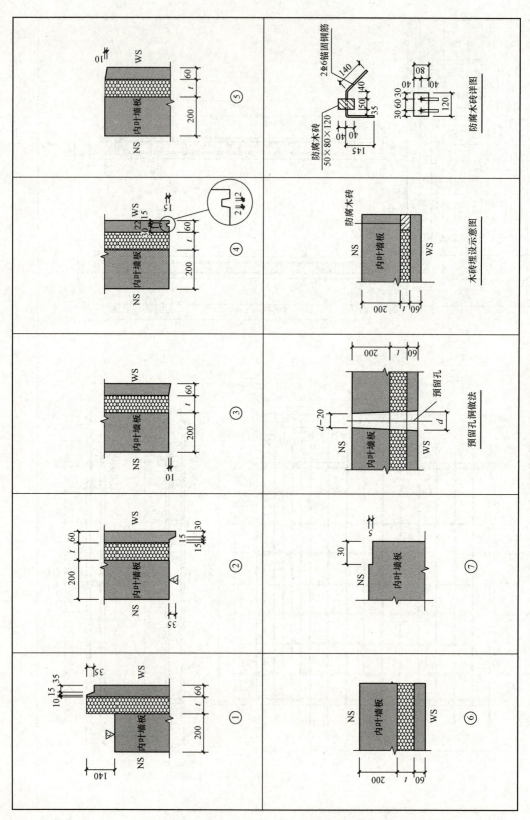

图 1-5 预制外墙板节点详图

表 1-1 WQ 选用表

层高 H/mm	墙板编号	标志宽度 L/mm	L_q/mm	h_q/mm	墙板质量/kg
2 800	WQ-2728	2 700	2 100	2 640	3 904
	WQ-3028	3 000	2 400	2 640	4 426
	WQ-3328	3 300	2 700	2 640	4 949
	WQ-3628	3 600	3 000	2 640	5 472

注：1. WQ-3028 各符号的含义：WQ——无洞口外墙；30——墙板的标志宽度 3 000 mm；28——层高 2 800 mm。
2. 表中墙板质量未考虑保温材料质量。

表 1-2 预制墙板预埋件示意图

名称	预埋件示意图	备注
MJ1-A	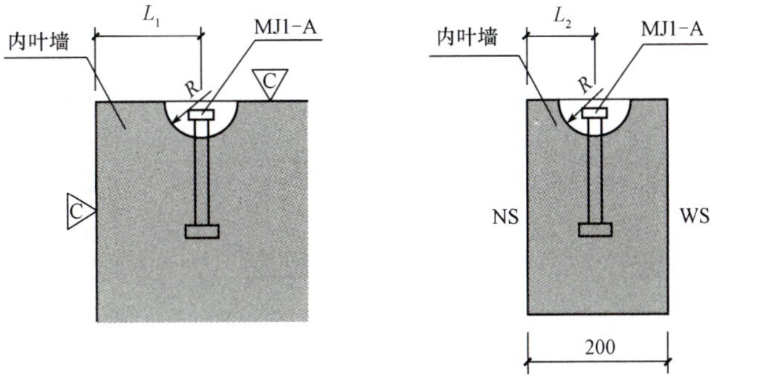	预埋件用途：预制墙板垂直吊装。 L_1：墙板宽度方向定位尺寸。 L_2：墙板厚度方向定位尺寸。 L_1、L_2 详见构件图
MJ2 MJ3	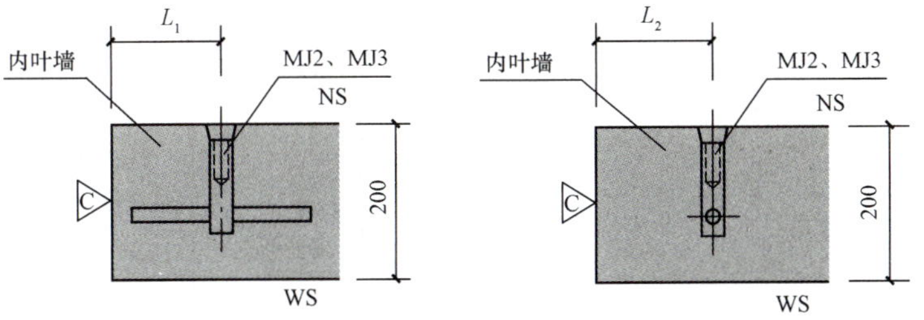	预埋件用途：墙板现场临时支撑。 L_1：墙板高度方向定位尺寸。 L_2：墙板宽度方向定位尺寸。 L_1、L_2 详见构件图
TG	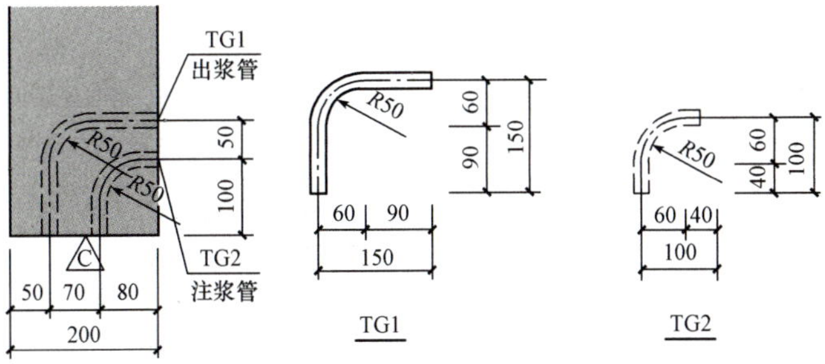	预埋件用途：墙板灌浆或出浆管。 灌浆管及出浆管规格与注浆设备匹配

续表

名称	预埋件示意图	备注
GT	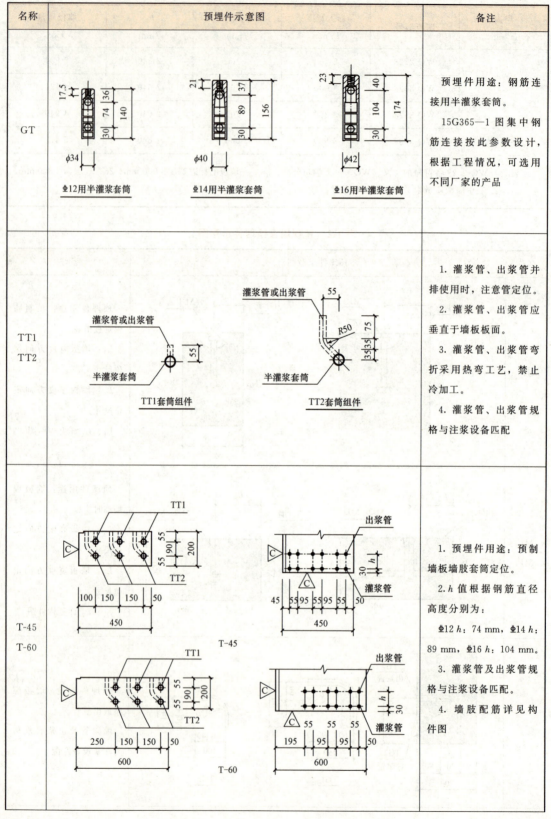	预埋件用途：钢筋连接用半灌浆套筒。15G365—1图集中钢筋连接按此参数设计，根据工程情况，可选用不同厂家的产品
TT1 TT2		1. 灌浆管、出浆管并排使用时，注意管定位。2. 灌浆管、出浆管应垂直于墙板板面。3. 灌浆管、出浆管弯折采用热弯工艺，禁止冷加工。4. 灌浆管、出浆管规格与注浆设备匹配
T-45 T-60		1. 预埋件用途：预制墙板墙肢套筒定位。2. h 值根据钢筋直径高度分别为：⊈12 h：74 mm，⊈14 h：89 mm，⊈16 h：104 mm。3. 灌浆管及出浆管规格与注浆设备匹配。4. 墙肢配筋详见构件图

续表

名称	预埋件示意图	备注
B-5 B-30	（B-5 和 B-30 预埋件示意图）	1. 预埋件用途：窗洞口下轻质填充材料。 2. 15G365—1 图集中窗洞口下采用模塑聚苯板(EPS)，相对密度不小于 12 kg/m³，根据工程情况，也可选用其他轻质填充材料。 3. 模塑聚苯板应满足现行国家有关标准的要求

1.1.2 相关知识

1. 预制墙板类型与编号规定

（1）预制混凝土剪力墙编号。预制混凝土剪力墙编号由墙板代号、序号组成，表达形式应符合表 1-3 的规定。

预制墙板
类型与编号规定

表 1-3 预制混凝土剪力墙编号

预制墙板类型	代号	序号
预制外墙	YWQ	××
预制内墙	YNQ	××

在编号中，如若干预制剪力墙的模板、配筋、各类预埋件完全一致，仅墙厚与轴线的关系不同，也可将其编为同一预制剪力墙编号，但应在图中注明与轴线的几何关系。

编号中的序号可为数字，或数字加字母。如：YNQ5a 表示某工程有一块预制混凝土内墙板与已编号的 YNQ5 除线盒、位置外，其他参数均相同，为方便起见，将该预制内墙板序号编为 5a。

（2）预制混凝土剪力墙外墙。预制混凝土剪力墙外墙由内叶墙板、保温层和外叶墙板组成。

1）内叶墙板。标准图集《预制混凝土剪力墙外墙板》(15G365－1) 中的内叶墙板共有 5 种形式，编号规则见表 1-4，示例见表 1-5。

表 1-4　内叶墙板编号规则

内叶墙板类型	示意图	编号
无洞口外墙	□	WQ－××－××　（无洞口外墙／标志宽度／层高）
一个窗洞外墙（高窗台）	 □	WQC1－××××－××××　（一个窗洞外墙高窗台／标志宽度／层高／窗宽／窗高）
一个窗洞外墙（矮窗台）	 □	WQCA－××××－××××　（一个窗洞外墙矮窗台／标志宽度／层高／窗宽／窗高）
两个窗洞外墙	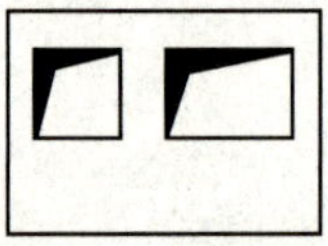 □□	WQC2－××××－××××　（两个窗洞外墙／标志宽度／层高／左窗宽／左窗高／右窗宽／右窗高）
一个门洞外墙	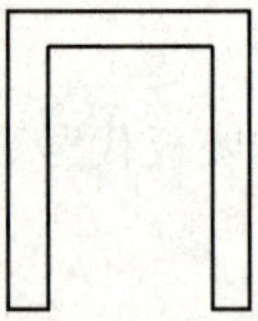 ∏	WQM－××××－××××　（一个门洞外墙／标志宽度／层高／门宽／门高）

表 1-5　内叶墙板编号示例　　　　　　　　　　　　　mm

内叶墙板类型	示意图	墙板编号	标志宽度	层高	门/窗宽	门/窗高	门/窗宽	门/窗高
无洞口外墙	 □	WQ-2428	2 400	2 800	—	—	—	—
一个窗洞外墙（高窗台）	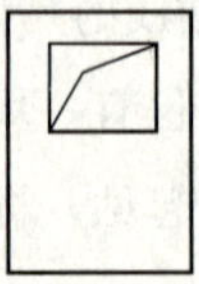 □	WQC1-3028-1514	3 000	2 800	1 500	1 400	—	—
一个窗洞外墙（矮窗台）	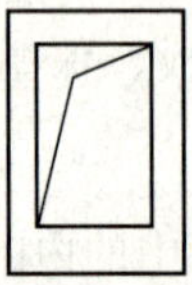 □	WQCA-3029-1517	3 000	2 900	1 500	1 700	—	—

续表

内叶墙板类型	示意图	墙板编号	标志宽度	层高	门/窗宽	门/窗高	门/窗宽	门/窗高
两个窗洞外墙		WQC2-4830-0615-1515	4 800	3 000	600	1 500	1 500	1 500
一个门洞外墙		WQM-3628-1823	3 600	2 800	1 800	2 300	—	—

2)外叶墙板。标准图集《预制混凝土剪力墙外墙板》(15G365－1)中的外叶墙板共有以下两种类型(图 1-6):

①标准外叶墙板 wy1(a、b),按实际情况标注 a、b,当 a、b 均为 290 mm 时,仅注写 wy1;

②带阳台板外叶墙板 wy2(a、b、c_L 或 c_R、d_L 或 d_R),按外叶墙板实际情况标注 a、b、c_L 或 c_R、d_L 或 d_R。

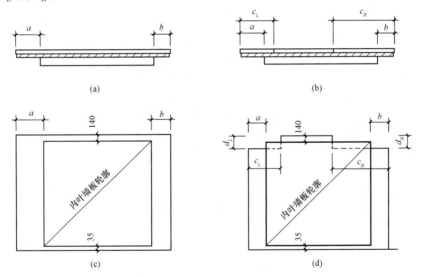

图 1-6 外叶墙板类型图(内表面视图)
(a)wy1 俯视图;(b)wy2 俯视图;(c)wy1 主视图;(d)wy2 主视图

2. 预制墙板列表注写内容

装配式剪力墙墙体结构可视为由预制剪力墙、后浇段、现浇剪力墙墙身、现浇剪力墙墙柱、现浇剪力墙墙梁等构件构成。其中,现浇剪力墙墙身、现浇剪力墙墙柱和现浇剪力墙墙梁的注写方式应符合《混凝土结构施工图平面整体表示方法制作规则和构造详图(现浇混凝土框架、剪力墙、梁、板)》(22G101－1)的规定。对应于预制剪力墙平面布置图上的编号,在预制墙板表中应表达图 1-7 所示的内容。

预制墙板列表注写内容

剪力墙梁表

编号	所在层号	梁截面 $b \times h$	梁顶相对标高高差	上部纵筋	下部纵筋	箍筋
LL1	4-20	200×500	0.000	2⊈16	2⊈16	⊈8@100(2)

预制墙板表

平面图中编号	内叶墙板	外叶墙板	管线预埋	所在层号	所在轴号	墙厚(内叶墙)	构件质量/t	数量	构件详图页码(图号)
YWQ1L	WQC1-3328-1514		见大样图	4-20	Ⓑ~Ⓓ/①	200	6.9	17	
YWQ2L	WQC1-3328-1514		见大样图	4-20	Ⓐ~Ⓑ/①	200	5.3	17	
YWQ3L	WQC1-3328-1514	wy-1 a=190 b=20	低区X=450 高区X=280	4-20	①~②/Ⓐ	200	3.4	17	
YWQ4L	WQC1-3328-1514	wy-1 a=190 b=20	低区X=450 高区X=280	4-20	②~④/Ⓐ	200	3.8	17	
YWQ5L	WQC1-3628-1514	wy-2 a=290 b=190 c_R=590 d_R=80	低区X=450 高区X=430	4-20	①~②/Ⓓ	200	3.9	17	
YWQ6L	WQC1-3628-1514	wy-2 a=290 b=290 c_L=590 d_L=80	低区X=450 高区X=430	4-20	②~③/Ⓓ	200	4.5	17	
YNQ1L	NQ-2728		见大样图	4-20	Ⓐ~Ⓑ/②	200	3.6	17	
YNQ2L	NQ-2428		低区X=150 高区X=750	4-20	Ⓐ~Ⓑ/④	200	3.2	17	
YNQ3	NQ-2728		见大样图	4-20	Ⓒ~Ⓓ/②	200	3.5	17	
YNQ1a	NQ-2728		低区X=150 中区X=750	4-20	Ⓒ~Ⓓ/③	200	3.6	17	

预制外墙板表

平面图中编号	所在轴号	所在层号	外叶墙板厚度	构件质量/t	数量	构件详图页码(图号)
JM1	Ⓐ/① Ⓓ/①	4-20	60	0.47	34	15G365—1, 228

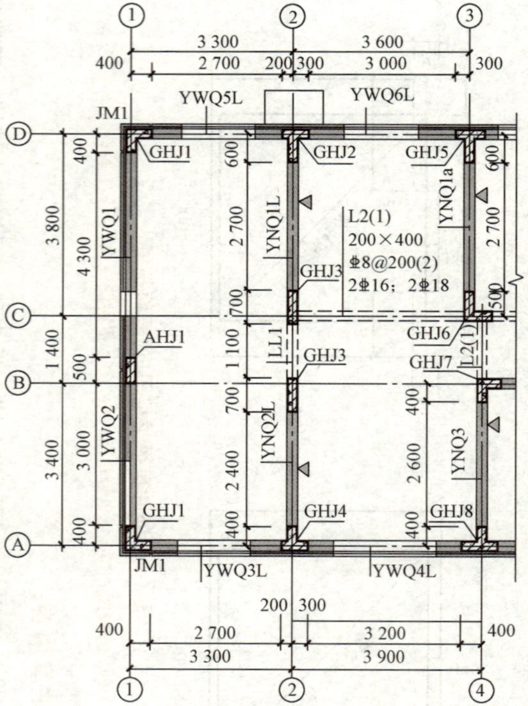

8.300~55.900剪力墙平面布置图

注：
1. 水平后浇带配筋详见装配式结构专项说明及预制墙板详图。
2. 本图中各配筋仅为示例，实际工程中详见中详见具体设计。
3. 未注明墙体均为轴线居中，墙体厚度为200 mm。

图 1-7 剪力墙平面布置图示例

(1)墙板编号。

(2)各段墙板的位置信息,包括所在轴号和所在楼层号。

所在轴号应先标注垂直于墙板的起止轴号,用"~"表示起止方向;再标注墙板所在轴线、轴号,二者用"/"分隔,如图1-7中的YWQ2,其所在轴号为Ⓐ~Ⓑ/①。如果同一轴线、同一起止区域内有多块墙板,可在所在轴号后用"-1""-2"……顺序标注。

(3)管线预埋位置信息。当选用标准图集时,高度方向可只注写低区、中区和高区,水平方向根据标准图集的参数进行选择;当不可选用标准图集时,高度方向和水平方向均应注写具体定位尺寸,其参数位置所在装配方向为 X、Y,装配方向背面为 X'、Y',可用下角标编号区分不同线盒,如图1-8所示。

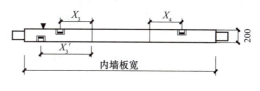

图1-8 线盒参数含义示例

(4)构件质量、构件数量。

(5)构件详图页码。当选用标准图集时,需标注图集号和相应页码;当自行设计时,应注写构件详图的图纸编号。

3. 后浇段

(1)后浇段编号。后浇段编号由后浇段类型的代号和序号组成,表达形式见表1-6。

表1-6 后浇段编号

后浇段类型	代号	序号
约束边缘构件后浇段	YHJ	××
构造边缘构件后浇段	GHJ	××
非边缘构件后浇段	AHJ	××

注:约束边缘构件后浇段包括转角墙和有翼墙两种,如图1-9所示;构造边缘构件后浇段包括转角墙、有翼墙和边缘暗柱三种,如图1-10所示;非边缘构件后浇段如图1-11所示。

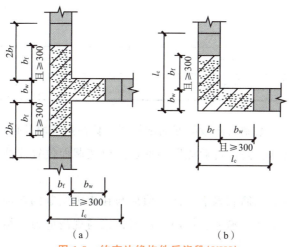

图1-9 约束边缘构件后浇段(YHJ)

(a)有翼墙;(b)转角墙

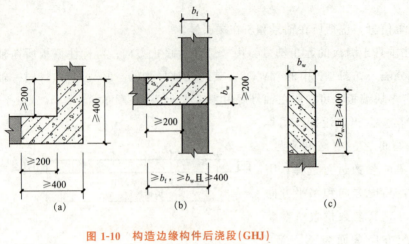

图1-10 构造边缘构件后浇段(GHJ)
(a)转角墙；(b)有翼墙；(c)边缘暗柱

图1-11 非边缘构件后浇段(AHJ)

(2)后浇段表所表示的内容见表1-7(结合图1-7)。

表1-7 后浇段表

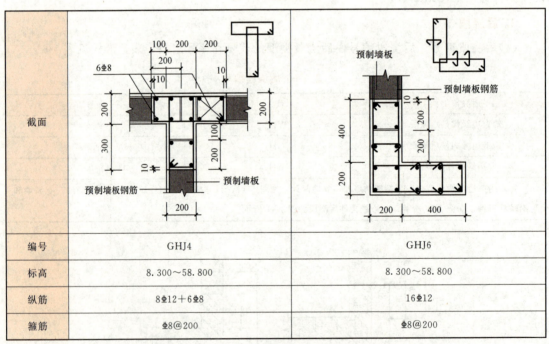

截面	(GHJ4 截面配筋图)	(GHJ6 截面配筋图)
编号	GHJ4	GHJ6
标高	8.300~58.800	8.300~58.800
纵筋	8⊈12+6⊈8	16⊈12
箍筋	⊈8@200	⊈8@200

1)注写后浇段编号，绘制后浇段的截面配筋图，标注后浇段几何尺寸。

2)注写后浇段的起止标高，自后浇段根部往上以变截面位置或截面未变但配筋改变处为界分段注写。

3)注写后浇段的纵向钢筋和箍筋，注写值应与在表中绘制的截面配筋一致。纵向钢筋注写纵筋直径和数量；后浇段箍筋、拉筋的注写方式与现浇剪力墙结构墙柱箍筋的注写方式相同。

4)预制墙板外露钢筋尺寸应标注到钢筋中线,保护层厚度应标注至箍筋外表面。

4. 其他说明

(1)预制外墙模板编号。预制外墙模板编号由类型代号和序号组成,如JM1。预制外墙模板表的内容包括平面图中编号、所在层号、所在轴号,外叶墙板厚度,构件质量、数量及构件详图页码(图号),如图1-7所示。

(2)图例及符号。

1)图例见表1-8。

表1-8 图例

名称	图例	名称	图例
预制钢筋混凝土 (包括内墙、内叶墙、外叶墙)		后浇段、边缘构件	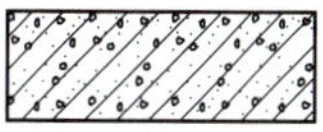
		夹心保温外墙	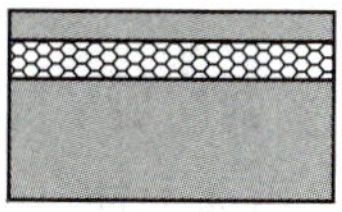
保温层	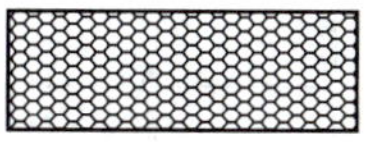	预制外墙模板	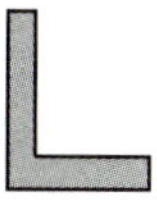
现浇钢筋混凝土墙体	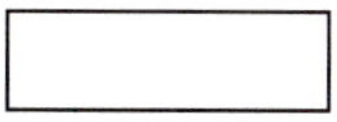	防腐木砖	
预埋线盒		—	—

2)符号及其含义见表1-9。

表1-9 符号及其含义

符号	含义	符号	含义
ⓒ	粗糙面	h_q	内叶墙板高度
WS	外表面	L_q	外叶墙板高度

续表

符号	含义	符号	含义
NS	内表面	h_a	窗下墙高度
MJ1	吊件	h_b	洞口连梁高度
MJ2	临时支撑预埋螺母	L_0	洞口边缘垛宽度
MJ3	临时加固预埋螺母	L_w	窗洞宽度
B-30	300 宽填充用聚苯板	h_w	窗洞高度
B-45	450 宽填充用聚苯板	L_{w1}	双窗洞墙板左侧窗洞宽度
B-50	500 宽填充用聚苯板	L_{w2}	双窗洞墙板右侧窗洞宽度
B-5	50 宽填充用聚苯板	L_d	门洞宽度
H	楼层高度	h_d	门洞高度
L	标志宽度	—	—

(3) 钢筋加工尺寸标注说明。

1) 纵向钢筋。纵向钢筋加工尺寸标注示意如图 1-12 所示。

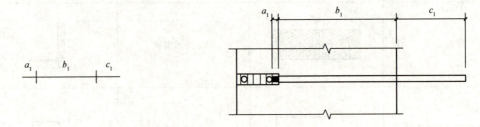

图 1-12 纵向钢筋加工尺寸标注示意

2) 箍筋。箍筋加工尺寸标注示意如图 1-13 所示。

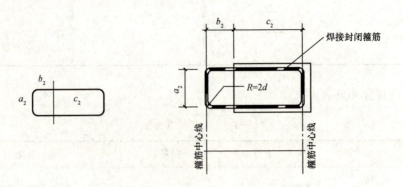

图 1-13 箍筋加工尺寸标注示意

注：配筋图中箍筋长度均为中心线长度。

3）拉筋。拉筋加工尺寸标注示意如图 1-14 所示。

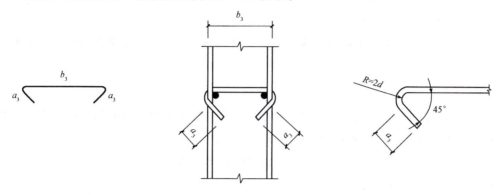

图 1-14　拉筋加工尺寸标注示意

注：配筋图中 a_3 为弯钩处平直段长度，b_3 为被拉钢筋外表皮距离。

4）窗下墙钢筋。窗下墙钢筋加工尺寸标注示意如图 1-15 所示。

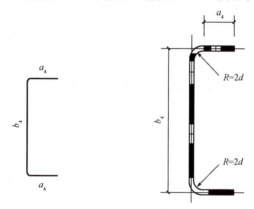

图 1-15　窗下墙钢筋加工尺寸标注示意

注：详图中 a_4 为弯钩处平直度长度，b_4 为竖向弯钩中心线距离。

1.1.3　任务实施

1. 模板图识读

从图 1-3 中可以读取 WQ-3028 模板图中的以下内容：

(1) 外墙板的标志宽度为 3 000 mm，层高为 2 800 mm。

(2) 外叶墙板的宽度为 2 980 mm，高度为 2 780+35＝2 815(mm)，厚度为 60 mm，外叶墙板对角线控制尺寸为 4 099 mm。

(3) 内叶墙板宽度为 2 400 mm，高度为 2 640 mm，厚度为 200 mm，内叶墙板对角线控制尺寸为 3 568 mm。

(4) 夹心保温层宽度为 2 980－20×2＝2 940(mm)，高度为 2 640+140＝2 780(mm)，厚度为 t。

（无洞口外墙）
模板图、钢筋图
拓展识读

(5)内叶墙板距离外叶墙板边缘宽度方向两边各为 290 mm，高度方向底部为 20 mm，顶部为 140 mm。

(6)内叶墙板距离夹心保温层边缘宽度方向两边各为 270 mm，高度方向底部平齐，顶部为 140 mm。

2. 配筋图识读

从图 1-4 可以知道，WQ-3028 内叶墙板配筋图中共有 9 种类型钢筋，根据前述工程概况，构件抗震等级为三级，各种钢筋信息如下：

(1)③a 号钢筋为 7 根直径为 16 mm 的 HRB400 竖向钢筋，下端插入套筒内，上端延伸出墙板顶部，下端车丝长度为 23 mm。

(2)③b 号钢筋为 7 根直径为 16 mm 的 HRB400 竖向钢筋。

(3)③c 号钢筋为内叶墙板两端 4 根直径为 12 mm 的 HRB400 竖向钢筋。

(4)③d 号钢筋为 13 根直径为 8 mm 的 HRB400 水平环向封闭钢筋，两端伸出内叶墙板边缘各 200 mm。

(5)③e 号钢筋为内叶墙板底部 1 根直径为 8 mm 的 HRB400 水平环向封闭钢筋，两端伸出内叶墙板边缘各 200 mm。

(6)③f 号钢筋为内叶墙板下部 2 根直径为 8 mm 的 HRB400 水平环向封闭钢筋，两端不伸出内叶墙板。

(7)③La 号钢筋为内叶墙板中间的拉筋，规格为直径为 6 mm 的 HRB400 钢筋，间距为 600 mm。

(8)③Lb 号钢筋为内叶墙板两侧竖向拉筋，规格为 26 根直径为 6 mm 的 HRB400 钢筋。

(9)③Lc 号钢筋为内叶墙板最底部一排拉筋，规格为 5 根直径为 6 mm 的 HRB400 钢筋。

3. 预埋件布置图识读

(1)吊件 MJ1 两个，位于内叶墙板顶部，距离内叶墙板宽度方向两边缘各为 450 mm。

(2)临时支撑预埋螺母 MJ2 四个，分为上、下两排，下面一排距离内叶墙板底面为 550 mm，距离内叶墙板宽度边缘各为 350 mm，上面一排距离内叶墙板顶面为 700 mm，距离内叶墙板宽度边缘各为 350 mm。

(3)预埋线盒位置有三种选择，即高区、中区、低区，距离内叶墙板右侧边缘距离可参考预埋件明细表内的数据选用。

(4)套筒灌浆孔和出浆孔的定位尺寸，按从左至右分别为 355 mm、245 mm、355 mm、245 mm、355 mm、245 mm、355 mm、245 mm；灌浆孔距离内叶墙板底部为 30 mm，灌浆孔与出浆孔之间的高度 h 根据钢筋直径确定：直径为 12 mm 的 HRB400 钢筋，高度为 74 mm；直径为 14 mm 的 HRB400 钢筋，高度为 89 mm；直径为 16 mm 的 HRB400 钢筋，高度为 104 mm。

4. 节点详图识读

结合图 1-2 和图 1-5 可读取节点①、②、⑦详图内容如下：

(1) 节点①详图：内叶墙板厚度为 200 mm，上顶面为粗糙面；中间保温层厚度为 t，上顶面比内叶墙板顶面高 140 mm；外叶墙板厚度为 60 mm，上顶面带有坡面，坡面高度为 35 mm，厚度方向的细部尺寸分别为 10 mm、15 mm 和 35 mm。

(2) 节点②详图：内叶墙板厚度为 200 mm，下底面为粗糙面；中间保温层厚度为 t，下底面与内叶墙板底面平齐；外叶墙板厚度为 60 mm，下底面带有坡面，坡面高度为 35 mm，坡面起点与内叶墙板和保温层平齐，厚度方向的细部尺寸分别为 15 mm、15 mm 和 30 mm。

(3) 节点⑦详图：显示内叶墙板内侧边缘留有一错台，长度为 30 mm，厚度为 5 mm，高度同内叶墙板高度。

5. 钢筋表与预埋件表识读

钢筋表与预埋件表内容如图 1-3 和图 1-4 所示。钢筋表主要表达墙板内钢筋类型、钢筋编号、结构抗震等级、钢筋加工尺寸及备注等内容；预埋件表主要表达编号、名称、数量、预埋线盒位置选用等内容。

（无洞口外墙）
预埋件布置图
拓展识读

1.1.4 知识拓展

WQ 外叶墙板构造详图如图 1-16 所示。从图中可以读取出外叶墙板配筋图中钢筋采用焊接网片，间距应小于 150 mm；竖向钢筋下部与墙板底部距离为 20 mm，上部与墙板顶部距离为 20 mm；水平钢筋两端与墙板两侧距离为 20 mm；竖向钢筋与水平钢筋均为直径为 5 mm 的冷轧带肋钢筋；外叶墙板上未表示拉结件，设计人员应根据实际情况另行补充设计。WQ-xy1 适用于无阳台外叶墙板；WQ-xy2 适用于有阳台外叶墙板。

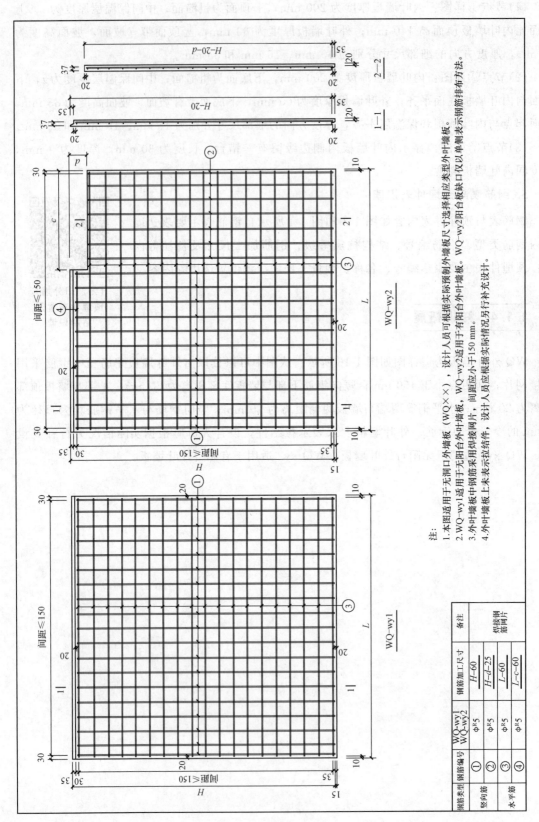

图1-16 WQ外叶墙板构造详图

实例 1.2 有洞口预制混凝土外墙板识图

1.2.1 实例分析

某公司技术员王某接到某工程带窗洞口预制混凝土剪力墙外墙的生产任务，其外墙板示意如图 1-17 所示。该工程预制混凝土剪力墙外墙板类型选用图集《预制混凝土剪力墙外墙板》(15G365-1)中编号为 WQCA-3028-1516 的剪力墙，其工程概况如下：预制外墙板外叶墙板按二 a 类环境类别设计，最外层钢筋保护层厚度按 20 mm 设计，外叶墙板如有瓷砖饰面或环境类别不同时可由设计调整，钢筋最小保护层厚度不应小于 15 mm，内叶墙板按一类环境类别设计，配筋图中已标明钢筋定位，如有调整，钢筋最小保护层厚度不应小于 15 mm；上、下层预制外墙板的竖向钢筋采用套筒灌浆连接，相邻预制外墙板之间的水平钢筋采用整体式接缝连接；预制外墙板中承重内叶墙板厚度为 200 mm，外叶墙板厚度为 60 mm，中间夹心保温层厚度 t 为 30~100 mm；楼板和预制阳台板的厚度为 130 mm；混凝土强度等级为 C30，三级抗震；外叶墙板钢筋采用冷轧带肋钢筋（ϕ^R），其余钢筋均采用 HRB400 级，钢材采用 Q235-B 级钢材；灌浆套筒和套筒灌浆料应符合现行国家有关标准的规定，构件吊装用吊件、临时支撑用预埋螺母等其他预埋件应符合现行国家有关标准的规定；预制外墙板中保温材料采用挤塑聚苯板（XPS）、外墙板密封材料应满足现行国家有关标准的要求。

王某若要完成该外墙板的生产任务，必须先结合标准图集及工程概况完成该外墙板的识图任务。该外墙板索引图、模板图、配筋图及节点详图如图 1-18~图 1-20、图 1-5 所示，WQCA 选用表见表 1-10。

图 1-17 带窗洞口外墙板示意

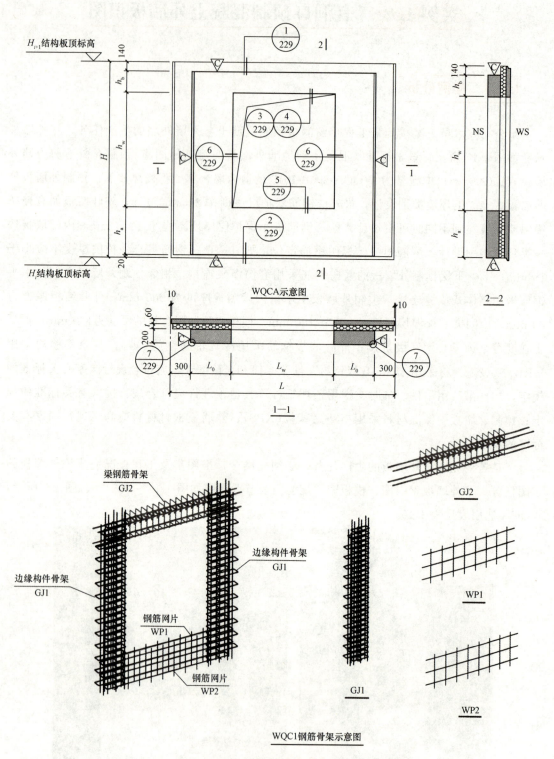

图 1-18 WQCA 墙板索引图

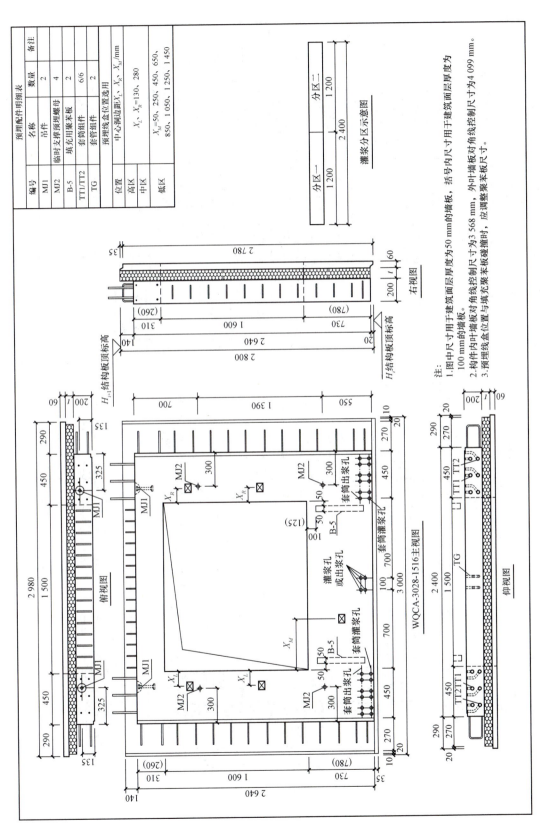

图 1-19　WQCA-3028-1516 模板图

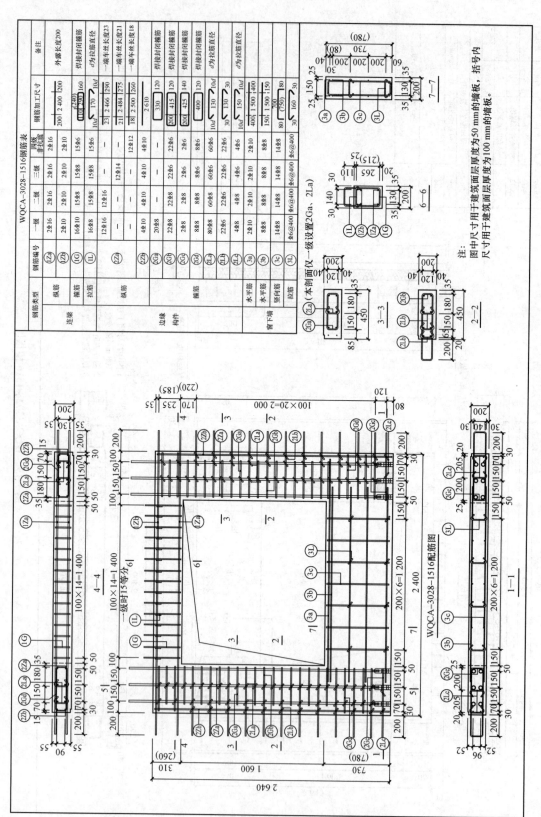

图1-20 WQCA-3028-1516 配筋图

表 1-10 WQCA 选用表

层高 H /mm	墙板编号	标志宽度 L/mm	L_w /mm	L_0 /mm	h_a /mm	h_w /mm	h_b /mm
2 800	WQCA-3028-1516	3 000	1 500	450	730 (780)	1 600	310 (260)
	WQCA-3328-1816	3 300	1 800	450			
	WQCA-3628-1816	3 600	1 800	600			
	WQCA-3628-2116	3 600	2 100	450			
	WQCA-3928-2116	3 900	2 100	600			
	WQCA-3928-2416	3 900	2 400	450			
	WQCA-4228-2416	4 200	2 400	600			
	WQCA-4228-2716	4 200	2 700	450			

注：表中表示建筑面层为 50 mm 和 100 mm 两种，括号内为 100 mm 厚建筑面层相对应数值。

1.2.2 相关知识

1. 预制墙板类型与编号规定

预制墙板类型与编号规定同无洞口预制混凝土外墙板部分相关内容。

2. 预制墙板列表注写内容

预制墙板列表注写内容同无洞口预制混凝土外墙板部分相关内容。

1.2.3 任务实施

1. 模板图识读

从图 1-19 中可以读取出 WQCA-3028-1516 模板图中的以下内容：

(1) 外墙板的标志宽度为 3 000 mm，层高为 2 800 mm。

(2) 外叶墙板的宽度为 2 980 mm，高度为 2 780+35=2 815(mm)，厚度为 60 mm，外叶墙板对角线控制尺寸为 4 099 mm。

(3) 内叶墙板宽度为 2 400 mm，高度为 2 640 mm，厚度为 200 mm，内叶墙板对角线控制尺寸为 3 568 mm。

(4) 夹心保温层宽度为 2 980−20×2=2 940(mm)，高度为 2 640+140=2 780(mm)，厚度 t。

(5) 内叶墙板距离外叶墙板边缘宽度方向两边各为 290 mm，高度方向底部为 20 mm，顶部为 140 mm。

（有洞口外墙）模板图、钢筋图拓展识读

(6)内叶墙板距离夹心保温层边缘宽度方向两边各为 270 mm，高度方向底部平齐，顶部为 140 mm。

(7)外墙板预留窗洞口宽度为 1 500 mm，高度为 1 600 mm，窗洞口两边缘距离内叶墙板两侧各为 450 mm，窗下墙高度为 730(780)mm，洞口连梁高度为 310(260)mm。

2. 配筋图识读

从图 1-20 中可以读取出 WQCA-3028-1516 内叶墙板配筋图中共有 17 种类型钢筋，根据前述工程概况，构件抗震等级为三级。下面以连梁为例介绍各种钢筋信息（边缘构件和窗下墙钢筋信息识读参考连梁及 WQ-3028 配筋图识读部分内容）：

(1)⑫号钢筋为 2 根直径为 16 mm 的 HRB400 水平纵筋，两端插入边缘构件内，两端延伸出墙板外露长度各为 200 mm。

(2)⑬号钢筋为 2 根直径为 10 mm 的 HRB400 水平纵筋，两端插入边缘构件内，两端延伸出墙板外露长度各为 200 mm。

(3)⑯号钢筋为 15 根直径为 8 mm 的 HRB400 箍筋，为焊接封闭箍筋，箍筋外露内叶墙板顶面 110 mm。

(4)⑪号钢筋为 15 根直径为 8 mm 的 HRB400 拉筋，拉筋弯钩平直段长度为 $10d$（d 为拉筋直径）。

3. 预埋件布置图识读

(1)吊件 MJ1 共 2 个，位于内叶墙板顶部，距离内叶墙板宽度方向两边缘各为 325 mm。

(2)临时支撑预埋螺母 MJ2 共 4 个，分为上、下两排，下面一排距离内叶墙板底面为 550 mm，距离内叶墙板宽度边缘各为 300 mm，上面一排距离内叶墙板顶面为 700 mm，距离内叶墙板宽度边缘各为 300 mm。

（有洞口外墙）
预埋件布置图
拓展识读

(3)预埋线盒位置有三种选择，即高区、中区、低区。高区、中区距离窗洞口边缘距离 X_L、X_R 可参考预埋件明细表内的数据 130 mm、280 mm 选用；低区距离窗洞口左边缘距离 X_M 可参考预埋件明细表内的数据 50 mm、250 mm、450 mm 选用。

(4)套筒灌浆孔和出浆孔的位置：第一灌浆区在窗洞口左边缘 450 mm 范围；第二灌浆区在窗洞口左、右边缘 700 mm 范围，宽度为 100 mm；第三灌浆区在窗洞口右边缘 450 mm 范围；在窗下墙距离洞口边缘各 50 mm 处填充两道 B-5 聚苯板，见表 1-2 中的 TG、TT1、TT2、T-45、B-5 所示。

4. 节点详图识读

结合图 1-18 和图 1-5 可读取出节点①、②、③、④、⑤、⑥、⑦详图内容如下：

(1)节点①详图：内叶墙板厚度为 200 mm，上顶面为粗糙面；中间保温层厚度为 t，上顶面比内叶墙板顶面高 140 mm；外叶墙板厚度为 60 mm，上顶面带有坡面，坡面高度为 35 mm，厚度方向的细部尺寸分别为 10 mm、15 mm 和 35 mm。

(2)节点②详图：内叶墙板厚度为 200 mm，下底面为粗糙面；中间保温层厚度为 t，下底面与内叶墙板底面平齐；外叶墙板厚度为 60 mm，下底面带有坡面，坡面高度为 35 mm，坡面起点与内叶墙板和保温层平齐，厚度方向的细部尺寸分别为 15 mm、15 mm 和 30 mm。

(3)节点③详图：内叶墙板厚度为 200 mm；中间保温层厚度为 t，下底面与内叶墙板底面平齐；外叶墙板厚度为 60 mm，下底面带有坡面，坡面高度为 10 mm。

(4)节点④详图：内叶墙板厚度为 200 mm；中间保温层厚度为 t，下底面与内叶墙板底面平齐；外叶墙板厚度为 60 mm，下底面带有凹槽，槽深为 15 mm，外叶墙板厚度方向细部尺寸分别为 30 mm、2 mm、11 mm、2 mm 和 15 mm。

(5)节点⑤详图：内叶墙板厚度为 200 mm；中间保温层厚度为 t，上表面与内叶墙板顶面平齐；外叶墙板厚度为 60 mm，上表面带有坡面，坡面高度为 10 mm。

(6)节点⑥详图：内叶墙板厚度为 200 mm，中间保温层厚度为 t，外叶墙板厚度为 60 mm，内叶墙板、保温层和外叶墙板表面均平齐。

(7)节点⑦详图：显示内叶墙板内侧边缘留有一错台，长度为 30 mm，厚度为 5 mm，高度同内叶墙板高度。

5. 钢筋表与预埋件表识读

钢筋表与预埋件表内容如图 1-19 和图 1-20 所示。钢筋表主要表达墙板内钢筋类型、钢筋编号、结构抗震等级、钢筋加工尺寸及备注等内容；预埋件表主要表达编号、名称、数量、预埋线盒位置选用等内容。

1.2.4 知识拓展

WQC1、WQCA 外叶墙板构造详图如图 1-21 所示，从图中可以读取出外叶墙板配筋图中钢筋采用焊接网片，间距应小于 150 mm；竖向钢筋下部与墙板底部距离为 20 mm，上部与墙板顶部距离为 20 mm；水平钢筋两端与墙板两侧距离为 20 mm；竖向钢筋与水平钢筋均为直径为 5 mm 的冷轧带肋钢筋；洞口四个角部斜向加固钢筋各为 2 根直径为 8 mm 的 HRB400 钢筋；外叶墙板上未表示拉结件，设计人员应根据实际情况另行补充设计。WQC-xy1 适用于无阳台外叶墙板，WQC-xy2 适用于有阳台外叶墙板。

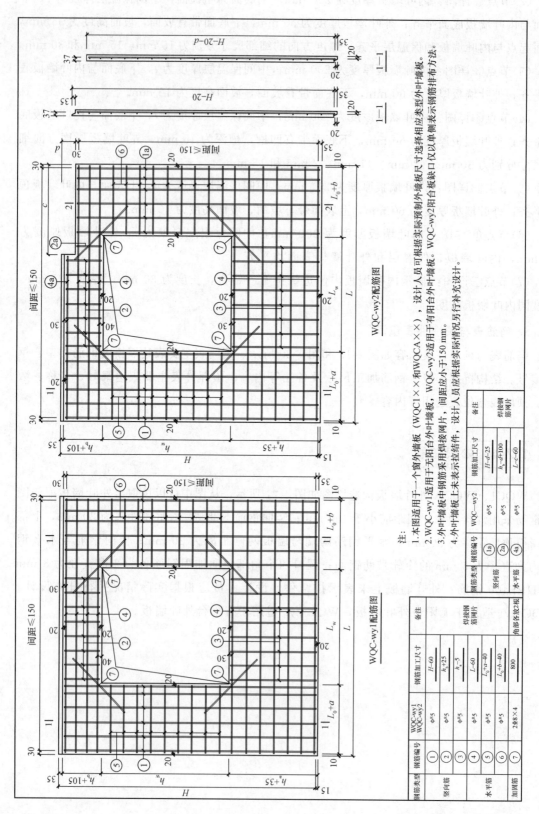

图 1-21 WQC1、WQCA 外叶墙板构造详图

实例1.3 预制混凝土外墙板深化设计

1.3.1 实例分析

某公司设计员王某接到某剪力墙结构工程外墙板深化设计任务,其剪力墙平面布置图如图1-22所示。该工程预制混凝土剪力墙外墙板类型及结构连接节点构造可选用图集《预制混凝土剪力墙外墙板》(15G365—1)和《装配式混凝土结构连接节点构造(剪力墙)》(15G310—2)中的相应内容。其工程概况如下:预制外墙板外叶墙板按二a类环境类别设计,最外层钢筋保护层厚度按20 mm设计,外叶墙板如有瓷砖饰面或环境类别不同时可由设计调整,钢筋最小保护层厚度不应小于15 mm,内叶墙板按一类环境类别设计,钢筋最小保护层厚度不应小于15 mm;上、下层预制外墙板的竖向钢筋采用套筒灌浆连接,相邻预制外墙板之间的水平钢筋接缝连接可参考图集相关规定;预制外墙板中承重内叶墙板厚度为200 mm,外叶墙板厚度为60 mm,中间夹心保温层厚度t为30~100 mm;楼板和预制阳台板的厚度为130 mm;混凝土强度等级为C30,三级抗震;外叶墙板钢筋采用冷轧带肋钢筋(ϕ^R),其他钢筋均采用HRB400,钢材采用Q235-B级钢材;灌浆套筒和套筒灌浆料应符合现行国家有关标准的规定,构件吊装用吊件、临时支撑用预埋螺母等其他预埋件应符合现行国家有关标准的规定;预制外墙板中保温材料采用挤塑聚苯板(XPS)、外墙板密封材料应满足现行国家有关标准的要求。

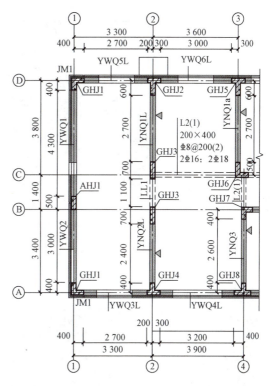

图1-22 某工程8.300~55.900剪力墙平面布置图

王某若要完成该外墙板的深化设计任务,必须先结合标准图集与工程概况掌握预制墙间竖向接缝构造、预制墙水平接缝连接构造等内容,以及深化设计文件应包括的内容。

1.3.2 相关知识

1. 外墙板构造要求

当选用标准图集的预制混凝土外墙板时,可选类型详见《预制混凝土剪力墙外墙板》(15G365—1),标准图集中预制混凝土剪力墙外墙板中的内叶墙板、外叶墙板的构造要求在实例 1.1 和实例 1.2 中已经讲述,不再赘述。此处只介绍预制外墙板结合面处构造要求。

(1)预制外墙板周边与后浇混凝土结合面构造。如图 1-23 和图 1-24 所示,预制外墙板顶面和底面为粗糙面结合面,侧面为粗糙面结合面或键槽结合面,键槽结合面用符号▽表示或图例⚊表示。根据标准图集的规定,预制外墙板侧面的结合面优先设置粗糙面,粗糙面的面积不宜小于结合面的 80%,预制外墙底面、顶面及侧面的粗糙面凹凸深度不应小于 6mm;也可设置键槽,设置键槽时,其形式、数量、尺寸及布置应由设计确定。

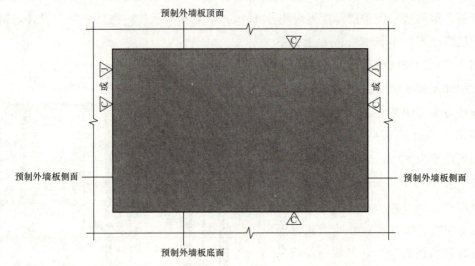

图 1-23 预制外墙板周边与后浇混凝土结合面示意

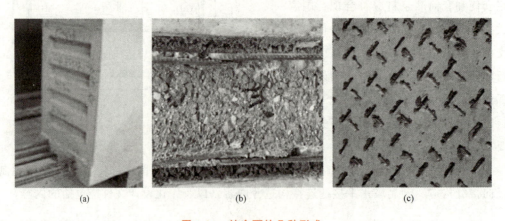

图 1-24 结合面的几种形式
(a)键槽;(b)露骨料粗糙面;(c)刻花粗糙面

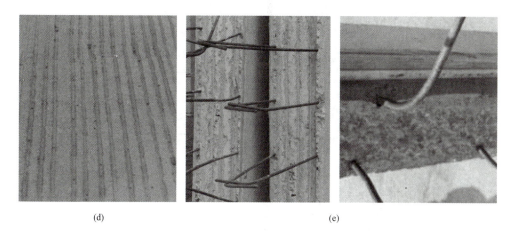

图 1-24 结合面的几种形式(续)

(d)拉毛粗糙面；(e)凿毛粗糙面

(2)纵横剪力墙相交处结合面构造。纵横剪力墙相交处的粗糙面结合面和键槽结合面与预制外墙板侧面的粗糙面结合面和键槽结合面构造相同，如图 1-25 所示。

(3)预制外墙板侧面键槽构造。预制外墙板侧面键槽构造可以选用不贯通截面，键槽边缘距离外墙板边缘≥20 mm，键槽深度 t≥20 mm，也可以选用贯通截面，如图 1-26 所示。无论选用哪种截面，键槽宽度 w_1 和 w_2 均不小于深度 t 的 3 倍且不大于深度的 10 倍，键槽宽度 w_1 和 w_2 宜相等，键槽侧面斜向倾角 $α$≤30°。预制外墙板两侧键槽示例如图 1-27 所示。

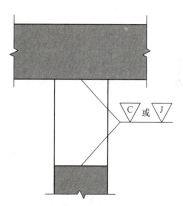

图 1-25 纵横剪力墙相交处结合面示意

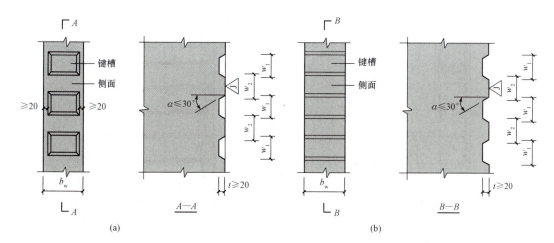

图 1-26 预制外墙板侧面键槽构造示意

(a)键槽不贯通截面；(b)键槽贯通截面

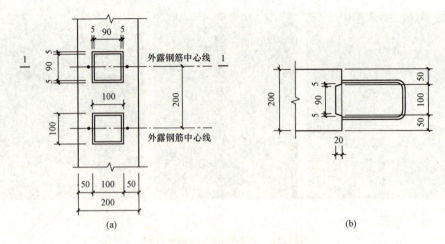

图 1-27 预制外墙板两侧键槽示例
(a)预留键槽立面示意；(b)1—1 剖面图

2. 外墙板竖向接缝构造

结合标准图集《装配式混凝土结构连接节点构造(剪力墙)》(15G310－2)，外墙板竖向接缝构造包括预制墙间的竖向接缝构造、预制墙与现浇墙间的竖向接缝构造、预制墙与后浇边缘暗柱(端柱)间的竖向接缝构造、预制墙在转角墙处的竖向接缝构造、预制墙在有翼墙处的竖向接缝构造及预制墙在十字形墙处的竖向接缝构造等。下面以约束边缘构件后浇段、非边缘构件后浇段为例介绍其竖向接缝构造。

外墙板
竖向接缝构造

(1)约束边缘转角墙竖向接缝构造。如图 1-28 所示，水平方向剪力墙厚度为 b_w，竖直方向剪力墙厚度为 b_f；水平方向墙肢总长度≥400 mm，向右延伸长度≥b_w 且≥300 mm；竖直方向墙肢总长度≥400 mm，向上延伸长度≥b_f 且≥300 mm；边缘构件附加连接钢筋(箍筋)与预制墙内延伸出钢筋搭接长度≥$0.6l_{aE}$($0.6l_a$)，且与预制墙边缘距离≥10 mm。约束边缘转角墙的竖向钢筋、箍筋(A_{sd-w} 和 A_{sd-f})详见具体设计。

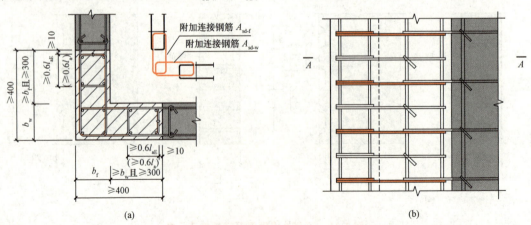

图 1-28 约束边缘转角墙竖向接缝构造示意
(a)平面图；(b)立面图

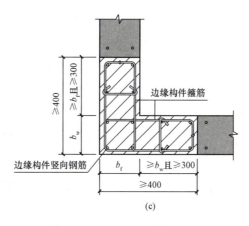

图1-28 约束边缘转角墙竖向接缝构造示意(续)

(c)A—A剖面图

(2)约束边缘翼墙竖向接缝构造。如图1-29所示,水平方向剪力墙厚度为b_f,竖直方向剪力墙厚度为b_w;水平方向墙肢向左、右各延伸长度$\geq b_f$且≥ 300 mm;竖直方向墙肢向上延伸长度$\geq b_w$且≥ 300 mm;边缘构件水平方向附加连接钢筋(箍筋)与预制墙内延伸出钢筋搭接长度$\geq 0.6l_{aE}(0.6l_a)$,且与预制墙边缘距离≥ 10 mm;竖直方向剪力墙内预留长U形钢筋延伸至水平墙段外边缘。约束边缘转角墙的竖向钢筋、箍筋(A_{sd})详见具体设计。

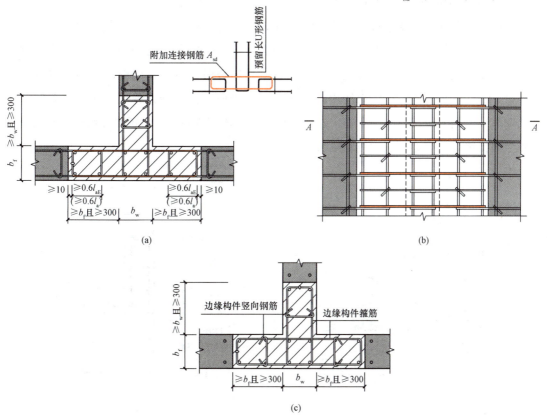

图1-29 约束边缘翼墙竖向接缝构造示意

(a)平面图;(b)立面图;(c)A—A剖面图

(3)非边缘构件竖向接缝构造。如图 1-30 所示,水平方向剪力墙厚度为 b_w;两侧剪力墙预留 U 形钢筋之间距离≥20 mm;非边缘构件水平方向附加连接钢筋(箍筋)与预制墙内延伸出钢筋搭接长度≥$0.6l_{aE}(0.6l_a)$,且与预制墙边缘距离≥10 mm;后浇段宽度 L_g≥b_w 且≥200 mm。竖向分布钢筋(A_s)、箍筋(A_{sd})详见具体设计。

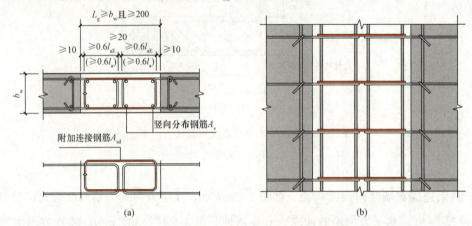

图 1-30 非边缘构件竖向接缝构造示意
(a)平面图;(b)立面图

(4)外墙板竖向接缝构造节点示例。

1)L 型后浇段竖向接缝构造节点示例如图 1-31~图 1-34 所示,预制外墙模板构件详图阅读方法参见实例 1.1 和实例 1.2 部分相应内容。结构抗震等级为一级时,后浇段的混凝土强度等级不低于 C35,结构抗震等级为二、三、四级时,后浇段的混凝土强度等级不低于 C30,图中箍筋及纵筋均按钢筋中心线定位;后浇段连接钢筋兼作边缘构件箍筋时,一级抗震等级选用 ⊥8@100,二、三、四级抗震等级选取用 ⊥8@200;预制外墙模板与预制外墙板之间接缝处的保温采用现场粘贴方式。

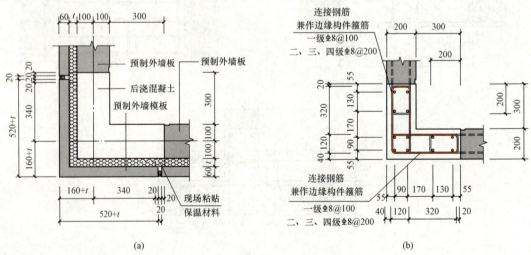

图 1-31 L 型后浇段竖向接缝构造(LJZ1)
(a)平面图;(b)后浇段结构详图

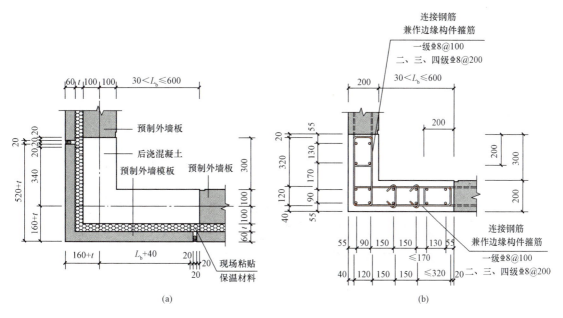

图 1-32 L型后浇段竖向接缝构造(LJZ2)

(a)平面图；(b)后浇段结构详图

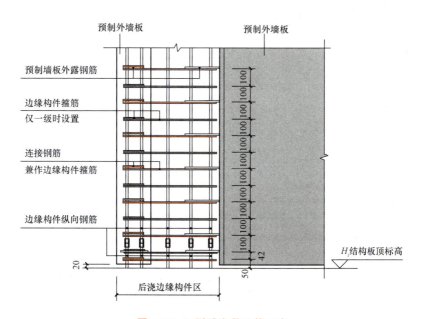

图 1-33 L型后浇段配筋示意

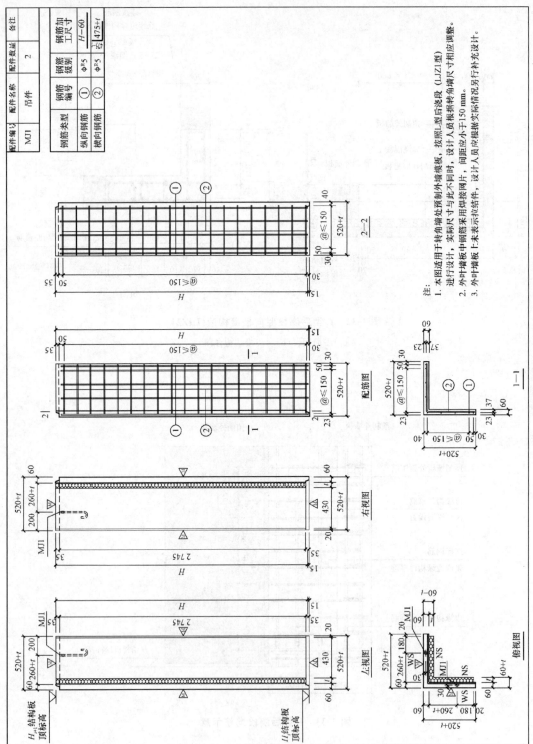

图1-34 预制外墙模板构件详图

2)T型后浇段竖向接缝构造节点示例如图1-35～图1-37所示,后浇段连接钢筋选用⊥8@200,其他构造要求参见L型后浇段竖向接缝构造。

3)一型后浇段竖向接缝构造节点示例如图1-38所示,后浇段连接钢筋选用⊥8@200,其他构造要求参见L型后浇段竖向接缝构造。

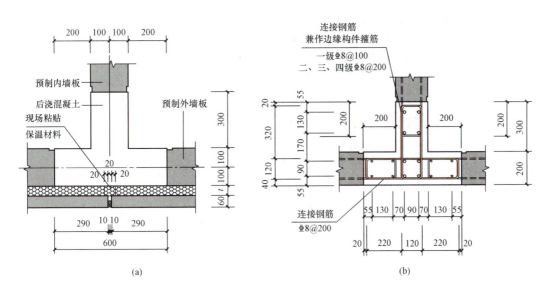

图1-35 T型后浇段竖向接缝构造(LYZ1)
(a)平面图;(b)后浇段结构详图

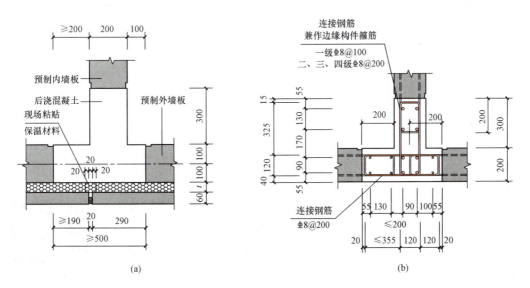

图1-36 T型后浇段竖向接缝构造(LYZ2)
(a)平面图;(b)后浇段结构详图

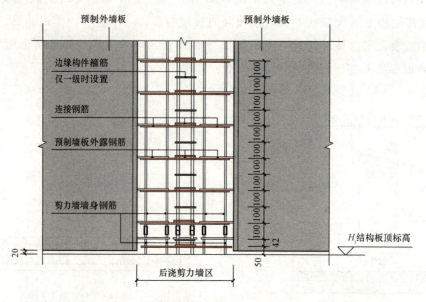

图 1-37 LYZ 型后浇段配筋示意

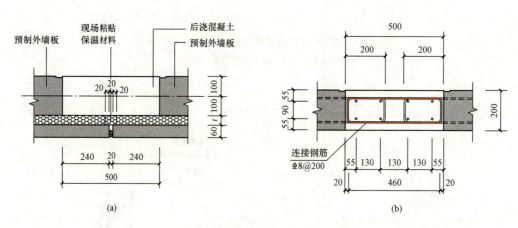

图 1-38 一型后浇段竖向接缝构造(LAZ)

（a）平面图；（b）后浇段结构详图

3. 外墙板水平接缝构造

(1)外墙非洞口区水平接缝构造。外墙非洞口区水平接缝构造如图 1-39 所示。在接缝处的内侧用砂浆封堵，外侧用弹性防水密封材料填充，安装缝内实施灌浆；连接节点处还体现了灌浆套筒位置、连梁纵筋或水平后浇带钢筋、后浇混凝土层、板厚度方向的细部尺寸等。

(2)外墙洞口区水平接缝构造。外墙洞口区水平接缝构造如图 1-40 所示。在接缝处的内侧用砂浆封堵，外侧用弹性防水密封材料填充，安装缝内实施灌浆；连接节点处还体现了连梁纵筋、后浇混凝土层、连梁断面示意图、板厚度方向的细部尺寸等。

外墙板水平接缝构造

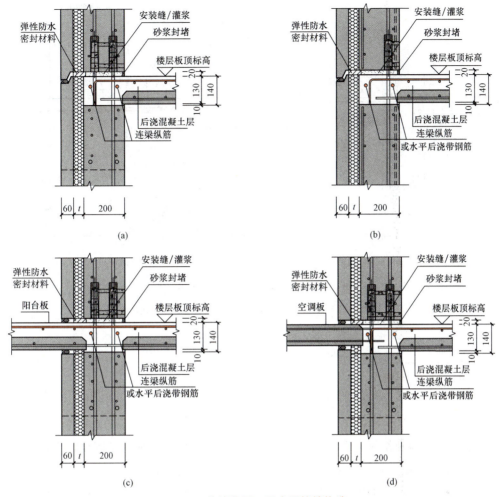

图 1-39 外墙非洞口区水平接缝构造

(a)边缘构件区；(b)墙体区；(c)阳台非洞口区；(d)空调板非洞口区

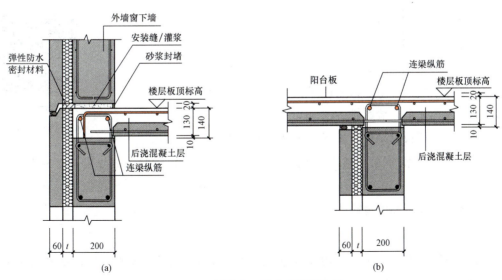

图 1-40 外墙洞口区水平接缝构造

(a)洞口区；(b)阳台洞口区

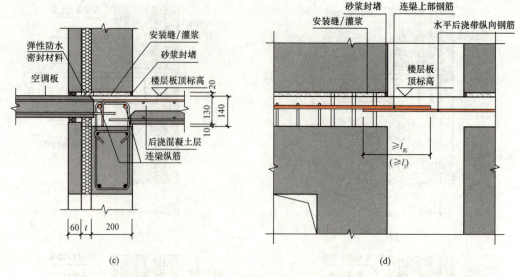

图 1-40 外墙洞口区水平接缝构造(续)

(c)空调板洞口区；(d)水平后浇带钢筋与连梁纵筋搭接详图

1.3.3 任务实施

1. 预制剪力墙的深化设计

(1)预制剪力墙制作前应进行深化设计，深化设计文件应根据施工图设计文件及选用的标准图集、生产制作工艺、运输条件和安装施工要求等进行编制。

(2)预制剪力墙详图中的各类预留孔洞、预埋件和机电预留管线需与相关专业图纸仔细核对无误后方可下料制作。

(3)深化设计文件应经设计单位书面确认后方可作为生产依据。

(4)深化设计文件应包括(但不限于)以下内容：

1)预制剪力墙平面图和立面布置图。

2)预制剪力墙模板图、配筋图、材料和配件明细表。

3)预埋件布置图和细部构造详图。

4)带瓷砖饰面剪力墙的排砖图。

5)内、外叶墙板拉结件布置图和保温板排版图。

预制剪力墙的深化设计

6)计算书。根据《混凝土结构工程施工规范》(GB 50666—2011)的规定，应根据设计要求和施工方案对脱模、吊运、运输、安装等环节进行施工验算，如预制墙板、预埋件、吊具等的承载力、变形和裂缝等。

2. 预制剪力墙设计

(1)预制剪力墙竖向钢筋采用套筒灌浆连接时，自套筒底部到套筒顶部并向上延伸300 mm范围内，预制剪力墙的水平分布钢筋应加密(图 1-41)，加密区水平分布钢筋的最大间距及最小直径应满足下列要求：抗震等级为一、二级时，最大间距为 100 mm，最小直径为 8 mm；抗震等级为三、四级时，最大间距为 150 mm，最小直径为 8 mm。套筒上端第一道水平分布钢筋距离套筒顶部不应大于 50 mm。

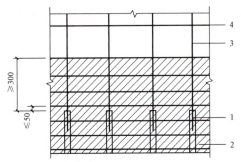

图 1-41　钢筋套筒灌浆连接部位水平分布钢筋加密构造示意

1—灌浆套筒；2—水平分布钢筋加密区域（阴影区域）；
3—竖向钢筋；4—水平分布钢筋

（2）预制剪力墙竖向钢筋采用浆锚搭接连接时，应符合下列规定：

1）墙体底部预留灌浆孔道直线段长度应大于下层预制剪力墙连接钢筋伸入孔道内的长度为 30 mm，孔道上部应根据灌浆要求设置合理弧度。孔道直径不宜小于 40 mm 和 $2.5d$（d 为伸入孔道的连接钢筋直径）的较大值，孔道之间的水平净间距不宜小于 50 mm；孔道外壁至剪力墙外表面的净间距不宜小于 30 mm。

2）竖向钢筋连接长度范围内的水平分布钢筋应加密，加密范围自剪力墙底部至预留灌浆孔道顶部（图 1-42），且不应小于 300 mm。加密区水平分布钢筋的最大间距及最小直径应符合第（1）条的规定，最下层水平分布钢筋距离墙身底部不应大于 50 mm。剪力墙竖向分布钢筋连接长度范围内未采取有效横向约束措施时，水平分布钢筋加密范围内的拉筋应加密；拉筋沿竖向的间距不宜大于 300 mm 且不小于 2 排；拉筋沿水平方向的间距不宜大于竖向分布钢筋间距，直径不应小于 6 mm；拉筋应紧靠被连接钢筋，并钩住最外层分布钢筋。

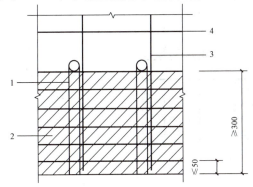

图 1-42　钢筋浆锚搭接连接部位水平分布钢筋加密构造示意

1—预留灌浆孔道；2—水平分布钢筋加密区域（阴影区域）；
3—竖向钢筋；4—水平分布钢筋

3)边缘构件竖向钢筋连接长度范围内应采取加密水平封闭箍筋的横向约束措施或其他可靠措施。当采用加密水平封闭箍筋约束时,应沿预留孔道直线段全高加密。箍筋沿竖向的间距,一级抗震等级不应大于75 mm,二、三级抗震等级不应大于100 mm,四级抗震等级不应大于150 mm;箍筋沿水平方向的肢距不应大于竖向钢筋间距,且不宜大于200 mm;箍筋直径在一、二级抗震等级下不应小于10 mm,在三、四级抗震等级下不应小于8 mm,宜采用焊接封闭箍筋,如图1-43所示。

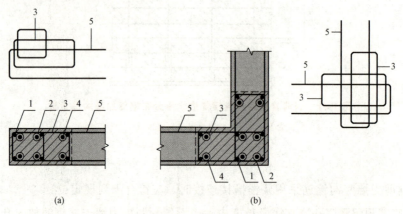

图1-43 钢筋浆锚搭接连接长度范围内加密水平封闭箍筋约束构造示意
(a)暗柱;(b)转角墙
1—上层预制剪力墙边缘构件竖向钢筋;2—下层剪力墙边缘构件竖向钢筋;
3—封闭箍筋;4—预留灌浆孔道;5—水平分布钢筋

4)当上、下层预制剪力墙竖向钢筋采用套筒灌浆连接时,应符合以下要求:

①竖向分布钢筋采用"梅花形"部分连接时(图1-44),连接钢筋的直径不应小于12 mm,同侧间距不应大于600 mm,且在剪力墙构件承载力设计和分布钢筋配筋率计算中不得计入未连接的分布钢筋;未连接的竖向分布钢筋直径不应小于6 mm。

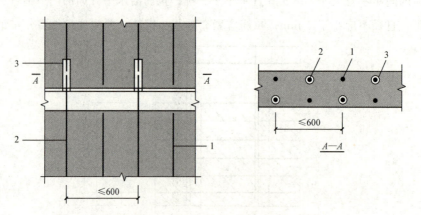

图1-44 竖向分布钢筋"梅花形"套筒灌浆连接构造示意
1—未连接的竖向分布钢筋;2—连接的竖向分布钢筋;3—灌浆套筒

②竖向分布钢筋采用单排连接时(图1-45),剪力墙两侧竖向分布钢筋与配置于墙体厚

度中部的连接钢筋搭接连接,连接钢筋位于内、外侧被连接钢筋的中间;连接钢筋受拉承载力不应小于上、下层被连接钢筋受拉承载力较大值的1.1倍,间距不宜大于300 mm。下层剪力墙连接钢筋自下层预制墙顶算起的埋置长度不应小于$1.2l_{aE}+b_w/2$(b_w为墙体厚度),上层剪力墙连接钢筋自套筒顶面算起的埋置长度不应小于l_{aE},上层连接钢筋顶部至套筒底部的长度尚不应小于$1.2l_{aE}+b_w/2$,l_{aE}按连接钢筋直径计算。钢筋连接长度范围内应配置拉筋,拉筋沿竖向的间距不应大于水平分布钢筋间距,且不宜大于150 mm;拉筋沿水平方向的间距不应大于竖向分布钢筋间距,直径不应小于6 mm;拉筋应紧靠连接钢筋,并钩住最外层分布钢筋。

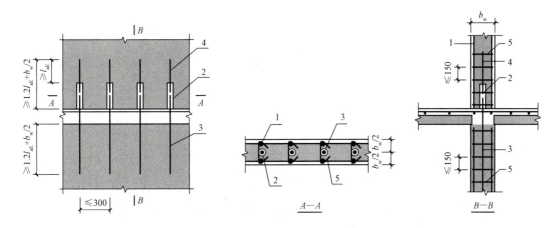

图1-45 竖向分布钢筋单排套筒灌浆连接构造示意

1—上层预制剪力墙竖向分布钢筋;2—灌浆套筒;3—下层剪力墙连接钢筋;
4—上层剪力墙连接钢筋;5—拉筋

5)当上、下层预制剪力墙竖向钢筋采用挤压套筒连接时,应符合下列规定:

①预制剪力墙底后浇段内的水平钢筋直径不应小于10 mm和预制剪力墙水平分布钢筋直径的较大值,间距不宜大于100 mm;楼板顶面以上第一道水平钢筋距楼板顶面不宜大于50 mm,套筒上端第一道水平钢筋距套筒顶部不宜大于20 mm,如图1-46所示。

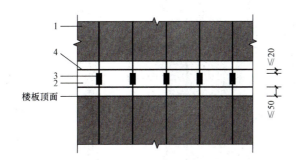

图1-46 预制剪力墙后浇段水平钢筋配置示意

1—预制剪力墙;2—墙底后浇段;3—挤压套筒;4—水平钢筋

②当竖向分布钢筋采用"梅花形"部分连接时(图1-47),应符合第4)①条的规定。

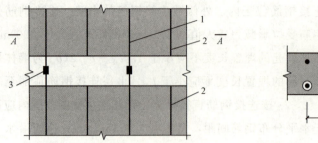
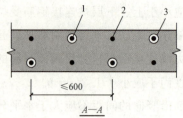

图 1-47　竖向分布钢筋"梅花形"挤压套筒连接构造示意

1—连接的竖向分布钢筋；2—未连接的竖向分布钢筋；3—挤压套筒

6）当上、下层预制剪力墙竖向钢筋采用浆锚搭接连接时，应符合下列规定：

①当竖向钢筋非单排连接时，下层预制剪力墙连接钢筋伸入预留灌浆孔道内的长度不应小于$1.2l_{aE}$，如图 1-48 所示。

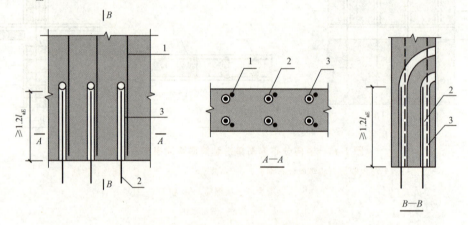

图 1-48　竖向钢筋浆锚搭接连接构造示意

1—上层预制剪力墙竖向钢筋；2—下层剪力墙竖向钢筋；3—预留灌浆孔道

②竖向分布钢筋采用"梅花形"部分连接，如图 1-49 所示。

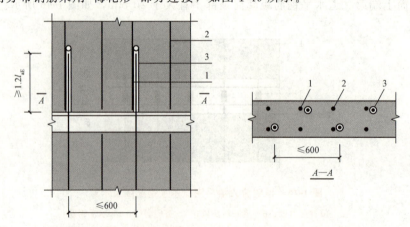

图 1-49　竖向分布钢筋"梅花形"浆锚搭接连接构造示意

1—连接的竖向分布钢筋；2—未连接的竖向分布钢筋；3—预留灌浆孔道

③当竖向分布钢筋采用单排连接时(图1-50)，剪力墙两侧竖向分布钢筋与配置于墙体厚度中部的连接钢筋搭接连接，连接钢筋位于内、外侧被连接钢筋的中间；连接钢筋受拉承载力不应小于上、下层被连接钢筋受拉承载力较大值的1.1倍，间距不宜大于300 mm。连接钢筋自下层预制墙顶算起的埋置长度不应小于$1.2l_{aE}+b_w/2$（b_w为墙体厚度），自上层预制墙体底部伸入预留灌浆孔道内的长度不应小于$1.2l_{aE}+b_w/2$，l_{aE}按连接钢筋直径计算。钢筋连接长度范围内应配置拉筋，拉筋沿竖向的间距不应大于水平分布钢筋间距，且不宜大于150 mm；拉筋沿水平方向的间距不应大于竖向分布钢筋间距，直径不应小于6 mm；拉筋应紧靠连接钢筋，并钩住最外层分布钢筋。

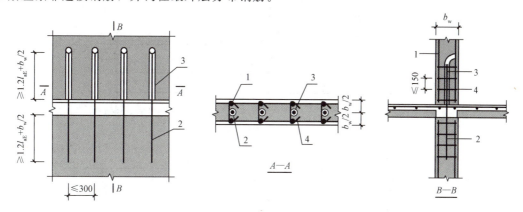

图1-50　竖向分布钢筋单排浆锚搭接连接构造示意
1—上层预制剪力墙竖向钢筋；2—下层剪力墙连接钢筋；
3—预留灌浆孔道；4—拉筋

3. 深化设计选用15G365—1标准图集设计方法

(1)选用步骤。

1)确定各参数与标准图集适用范围要求一致。

2)结构抗震等级、混凝土强度等级、建筑面层厚度、保温层厚度等相关参数应在施工图中统一说明。

3)按现行国家相关标准进行剪力墙结构计算分析，根据结构平面布置图及计算结果，确定所选预制外墙板的计算配筋与15G365—1标准图集构件详图一致，并对内叶墙板水平接缝的受剪承载力进行核算。

4)根据预制外墙板门窗洞口位置及尺寸、墙板标志宽度及层高，确定预制外墙板内叶墙板、外叶墙板编号。

5)根据工程实际情况，对构件详图中的MJ1、MJ2、MJ3进行补充设计，进行必要的施工验算。

6)结合生产、施工的实际需求，补充相关预埋件(窗框预埋件、模板固定预埋件、施工安全防护措施预埋件等)。

7)拉结件布置图由设计人员与拉结件生产厂家协调补充设计。

8)结合设备专业图纸,选用电线盒预埋位置,补充预制外墙板中其他设备孔洞及管线。

(2)选用示例。下面以图1-51和图1-52为例说明预制外墙板的选用方法。

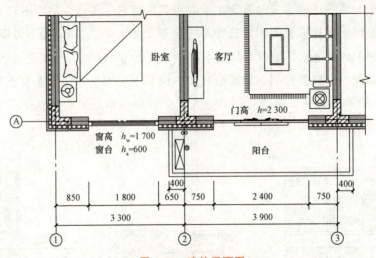

图1-51 建筑平面图

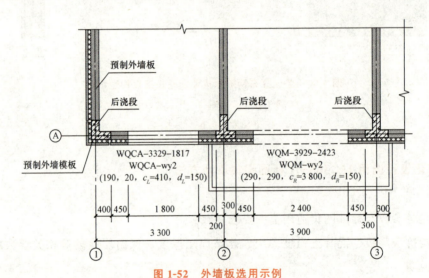

图1-52 外墙板选用示例

已知条件:

1)建筑层高为2 900 mm,①~②轴墙板标志宽度为3 300 mm,卧室窗洞尺寸为1 800 mm×1 700 mm,窗台高度为600 mm;②~③轴墙板标志宽度为3 900 mm,客厅门洞尺寸为2 400 mm×2 300 mm。

2)建筑保温层厚度为70 mm。

3)叠合楼板和预制阳台板厚度均为130 mm,建筑面层厚度为50 mm。

4)抗震等级为二级,混凝土强度等级为C30,所在楼层为标准层,剪力墙边缘构件为构造边缘构件,墙身计算结果为构造配筋(各部分配筋量与15G365—1标准图集构件相符)。

①~②轴间预制墙板的选用:

1)内叶墙板的选用:图中参数①~②轴间内叶墙板与标准图集中墙板WQCA-3329-1817的

模板图参数对比，将①轴右侧后浇段预留 400 mm，②轴左侧后浇段预留 200 mm 后，可直接选用。

2）外叶墙板的选用：图中①～②轴间外叶墙板符合 WQCA-wy2 的构造，从内向外看，外叶墙板两侧相对于内叶墙板分别伸出 190 mm 和 20 mm，阳台板左侧局部缺口尺寸 c 为 400 mm，阳台板厚度为 130 mm，考虑 20 mm 的板缝，可选用 WQC1-xy2（190，20，$c_L=410$ mm，$d_L=150$ mm），详情如图 1-51 所示。

②～③轴间预制墙板的选用：

1）内叶墙板的选用：图中参数②～③轴间墙板按 15G365—1 标准图集中墙板 WQM-3929-2423 的模板图参数对比，完全符合，可直接选用。

2）外叶墙板的选用：图中②～③轴间外叶墙板符合 WQM-wy2 的构造，从内向外看，外叶墙板两侧相对于内叶墙板均伸出 290 mm，阳台板全部缺口，缺口尺寸水平段 c 为 3 880 mm，阳台板厚度为 130 mm，考虑 20 mm 的板缝，可选用 WQC1-wy2（290，290，$c_R=3\ 880$ mm，$d_R=150$ mm）。

按 15G365—1 标准图集选用标准构件后，应在结构设计说明或结构施工图中补充以下内容：结构抗震等级为二级，预制外墙混凝土强度等级为 C30，保温层厚度为 70 mm，建筑面层为 50 mm；设计人员与生产单位、施工单位确定吊件形式并进行核算，补充施工相关预埋件，核对并补充各专业预埋管线。

4. 深化设计软件设计方法

登录装配式建筑深化设计软件完成预制混凝土剪力墙外墙板的深化设计。

软件设计方法

1.3.4 知识拓展

1. 预制墙竖向钢筋连接构造

预制墙竖向钢筋连接构造包括预制墙边缘构件的竖向钢筋连接构造、预制墙竖向分布钢筋逐根连接构造、预制墙竖向分布钢筋部分连接构造及抗剪用连接钢筋构造，如图 1-53～图 1-56 所示。

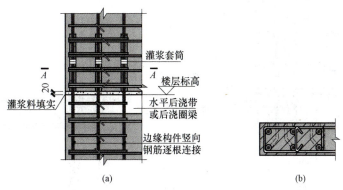

图 1-53 预制墙边缘构件的竖向钢筋连接构造
（钢筋套筒灌浆连接）
(a)立面图；(b) A—A 剖面图

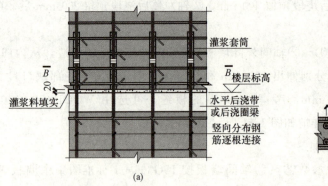
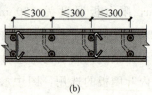

图 1-54 预制墙竖向分布钢筋逐根连接构造

（钢筋套筒灌浆连接）

(a)立面图；(b)B—B 剖面图

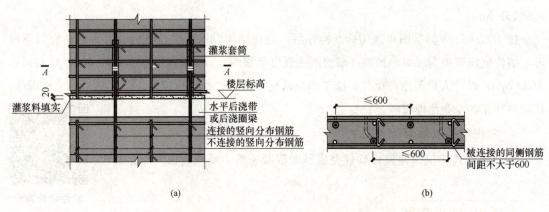

图 1-55 预制墙竖向分布钢筋部分连接构造

（钢筋套筒灌浆连接，连接的钢筋通长）

(a)立面图；(b)A—A 剖面图

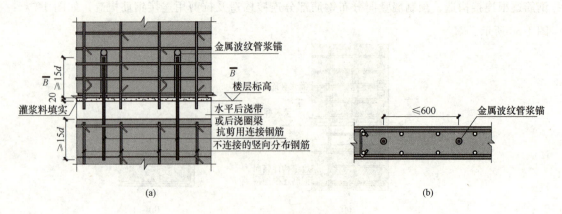

图 1-56 抗剪用连接钢筋构造

(a)立面图；(b)B—B 剖面图

2. 预制墙竖向钢筋在变截面处和顶部的构造

如图 1-57 和图 1-58 所示,预制墙在变截面处,下部钢筋延伸到板顶向剪力墙内侧弯锚 $12d$,上部钢筋从板顶向下延伸$\geqslant 1.2l_{aE}$($1.2l_a$);预制墙到达墙顶部时,剪力墙的竖向钢筋延伸到板顶向剪力墙内侧弯锚 $12d$。

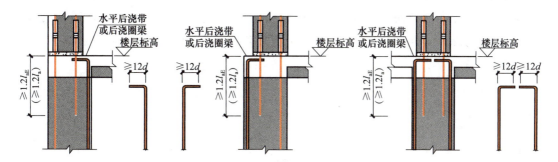

图 1-57 预制墙变截面处竖向分布钢筋构造

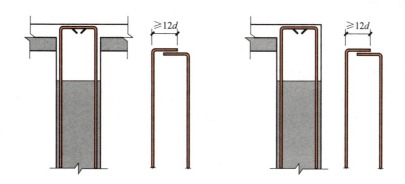

图 1-58 预制墙竖向钢筋顶部构造

学 习 启 示

党的二十大报告指出,培育创新文化,弘扬科学家精神,涵养优良学风,营造创新氛围。结合装配式建筑绿色、环保的特点,引入首个实现"碳中和"目标的冬奥会场馆建设等标志性工程,通过工程案例介绍,坚定创新自信,培养学生的创新意识,使学生养成敢于实践、勇于创新的优良个性,争取在自己的业务领域有所突破。

小 结

通过本部分的学习，要求学生掌握预制混凝土外墙板的类型和编号规定、预制墙板列表注写方法、后浇段编号及后浇段表所表达的内容、钢筋加工尺寸标注说明；能够熟练阅读预制混凝土外墙板模板图、配筋图、预埋件布置图、钢筋明细表；能够掌握深化设计文件所包括的内容。

习 题

一、简答题

1. 简述预制混凝土剪力墙外墙的组成。
2. 简述内叶墙板的五种形式。
3. 解释 WQCA-3029-1517 中各符号含义。
4. 解释 WS、NS、MJ1、MJ2、MJ3、B-30 各符号的含义。
5. 预制外墙板周边与后浇混凝土结合面有哪几种形式？
6. 简述预制外墙板侧面键槽构造做法。
7. 外墙板竖向接缝构造有哪几种做法？
8. 深化设计文件有哪些内容？

二、识图题

某工程预制混凝土外墙板 WQM-3628-1823 的模板图及配筋图如图 1-59 和图 1-60 所示，参照前述"任务实施"部分的识图要求，试识读该外墙板的模板图、配筋图及预埋件布置图。

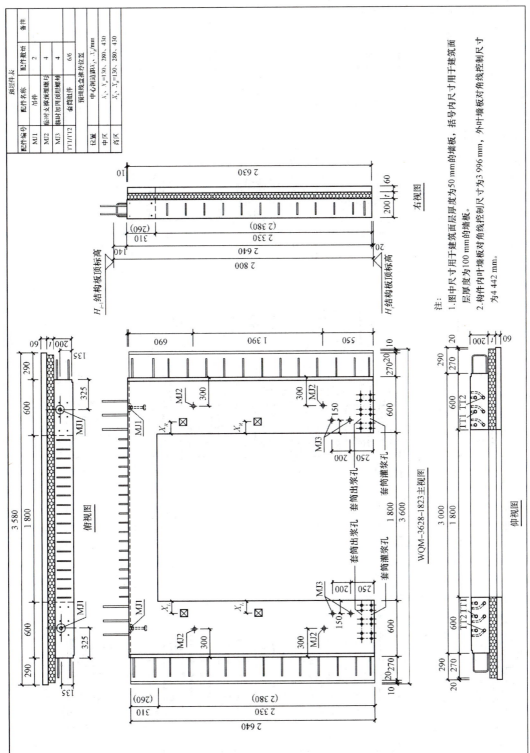

图 1-59 WQM-3628-1823 模板图

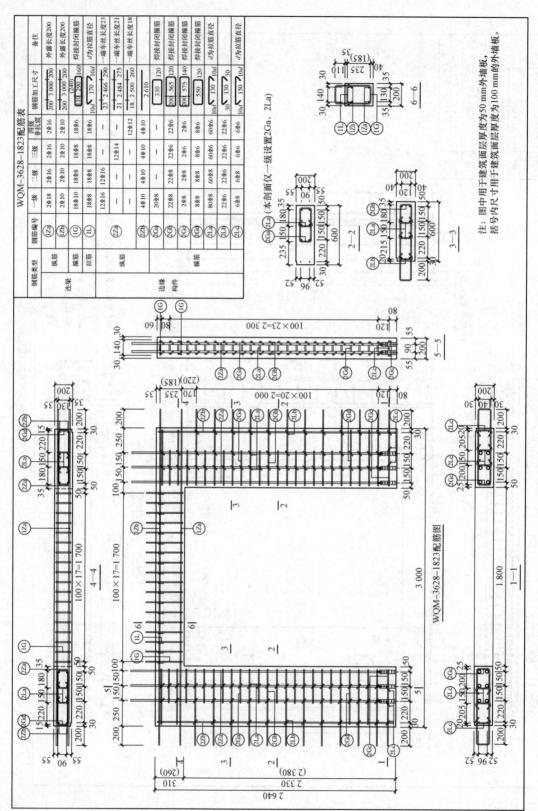

图 1-60　WQM-3628-1823 配筋图

任务 2　预制混凝土内墙板识图与深化设计

> **学习目标**
>
> **知识目标**：掌握预制内墙板类型与编号规定、预制内墙板列表注写内容、后浇段表示内容；掌握内墙板构造要求、内墙板竖向接缝构造、内墙板水平接缝构造、双面叠合剪力墙构造等。
>
> **能力目标**：能够正确识读预制混凝土内墙板模板图、配筋图、预埋件布置图、节点详图、钢筋表与预埋件表；能够进行预制混凝土内墙板的深化设计。
>
> **素质目标**：养成精细识读、精细设计预制混凝土内墙板施工图的良好作风；精研细磨内墙板构造，培养善于思考、勇于创新、爱岗敬业的职业素质；培养团队意识、绿色低碳发展意识。

实例 2.1　无洞口预制混凝土内墙板识图

2.1.1　实例分析

某公司技术员王某接到某工程无洞口预制混凝土剪力墙内墙的生产任务，其内墙板示意如图 2-1 所示。该工程预制混凝土剪力墙内墙板类型选用图集《预制混凝土剪力墙内墙板》(15G365-2)中编号为 NQ-3628 的剪力墙，其工程概况如下：预制混凝土内墙板按一类环境类别设计，最外层钢筋保护层厚度按 20 mm 设计，上、下层预制内墙板的竖向钢筋采用套筒灌浆连接，相邻预制内墙板之间的水平钢筋采用整体式接缝连接；预制内墙板厚度为 200 mm；楼板和预制阳台板的厚度为 130 mm；混凝土强度等级为 C30，三级抗震；钢筋均采用 HRB400 级，钢材采用 Q235-B 级；灌浆套筒和套筒灌浆料应符合现行国家有关标准的规定，构件吊装用吊件、临时支撑用预埋螺母等其他预埋件应符合现行国家相关标准的规定。

课程思政　　课程网络资源

图 2-1 无洞口预制混凝土内墙板示意

王某若要完成该内墙板的生产任务，必须先结合标准图集及工程概况完成该内墙板的识图任务，NQ 选用表见表 2-1，该内墙板索引图、模板图、配筋图如图 2-2～图 2-4 所示。

表 2-1　NQ 选用表

层高 H/mm	墙板编号	标志宽度 L/mm	h_q/mm
2 800	NQ-1828	1 800	2 640
	NQ-2128	2 100	2 640
	NQ-2428	2 400	2 640
	NQ-2728	2 700	2 640
	NQ-3028	3 000	2 640
	NQ-3328	3 300	2 640
	NQ-3628	3 600	2 640

注：1. NQ-3628 各符号的含义：NQ——无洞口内墙；36——墙板的标志宽度为 3 600 mm；28——层高为 2 800 mm；
2. h_q——预制墙板高度。

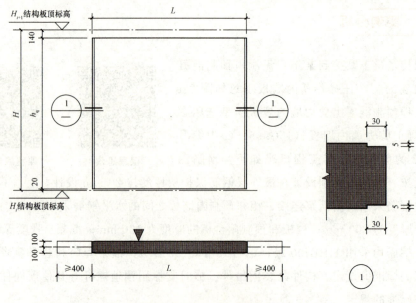

图 2-2　NQ 墙板索引图

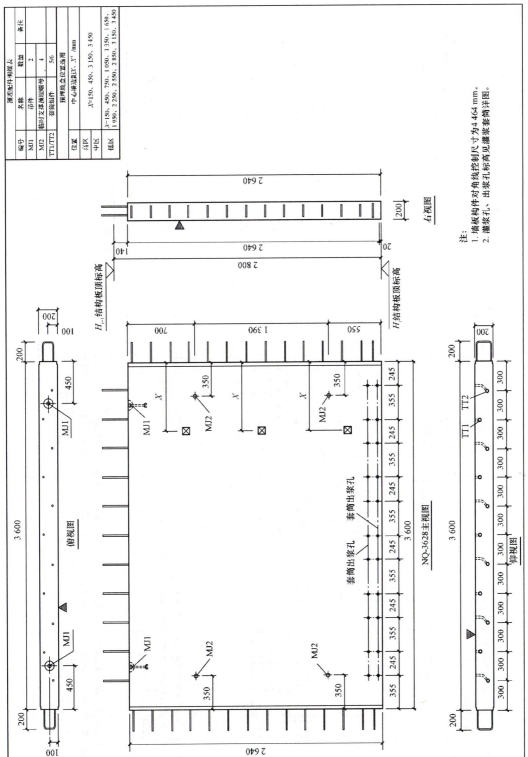

图 2-3 NQ-3628 模板图

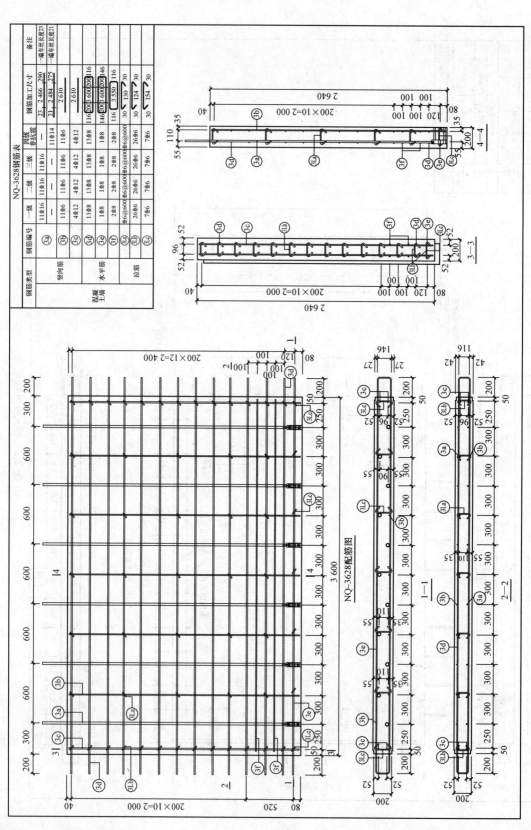

图 2-4 NQ-3628 配筋图

2.1.2 相关知识

1. 预制墙板类型与编号规定

(1)预制混凝土剪力墙编号参见任务1相应内容。

(2)预制混凝土剪力墙内墙板。标准图集《预制混凝土剪力墙内墙板》(15G365-2)中，预制混凝土内墙板共有4种形式，编号规则见表2-2，编号示例见表2-3。

表 2-2 预制混凝土剪力墙内墙板编号规则

预制混凝土剪力墙内墙板类型	示意图	编号
无洞口内墙	 □	NQ-××-××（无洞口内墙／标志宽度／层高）
一个门洞内墙（固定门垛）	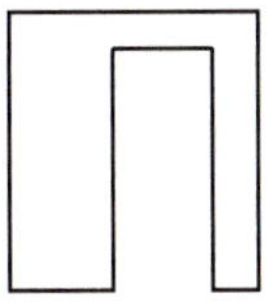 ∏	NQM1-××××-××××（一个门洞内墙固定门垛／标志宽度／层高／门宽／门高）
一个门洞内墙（中间门洞）	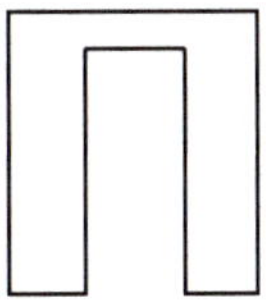 ∏	NQM2-××××-××××（一个门洞内墙中间门洞／标志宽度／层高／门宽／门高）
一个门洞内墙（刀把内墙）	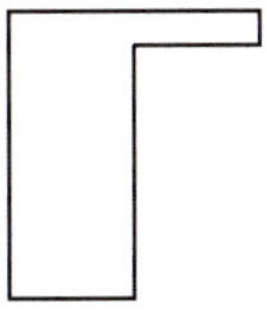 ⌐	NQM3-××××-××××（一个门洞内墙刀把内墙／标志宽度／层高／门宽／门高）

表 2-3 预制混凝土剪力墙内墙板编号示例　　mm

预制混凝土剪力墙内墙板类型	示意图	墙板编号	标志宽度	层高	门宽	门高
无洞口内墙	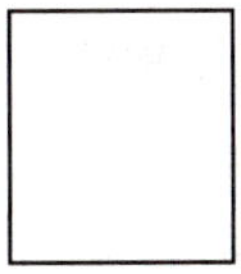 □	NQ-2128	2 100	2 800	—	—

续表

预制混凝土剪力墙内墙板类型	示意图	墙板编号	标志宽度	层高	门宽	门高
一个门洞内墙（固定门垛）		NQM1-3028-0921	3 000	2 800	900	2 100
一个门洞内墙（中间门洞）		NQM2-3029-1022	3 000	2 900	1 000	2 200
一个门洞内墙（刀把内墙）		NQM3-3330-1022	3 000	2 900	1 000	2 200

2. 预制墙板列表注写内容

预制墙板列表注写内容参见任务1相应内容。

3. 后浇段表示内容

后浇段表所表示的内容参见任务1相应内容。

4. 其他说明

预制混凝土剪力墙内墙板索引图和模板图中符号"▲"代表构件装配方向，即设置墙板临时支撑的一侧，其他符号参见任务1相应内容。

2.1.3 任务实施

1. 模板图识读

从图2-3可以读取出 NQ-3628 模板图中的以下内容：

（1）由主视图和右视图可以读取出内墙板的标志宽度为 3 600 mm，层高为 2 800 mm，厚度为 200 mm，预制墙板高度为 2 640 mm，墙板构件对角线控制尺寸为 4 464 mm。

（2）由仰视图可以读取出内墙板边缘出筋宽度为 200 mm；由右视图可以读取出内墙板底部距离结构板顶为 20 mm，内墙板顶部距离上一层结构板顶为 140 mm。

2. 配筋图识读

从图2-4中可以读取出 NQ-3628 墙板配筋图中共有9种类型钢筋，根据前述工程概况，构件抗震等级三级，各种钢筋信息内容如下：

（1）③a号钢筋为11根直径为16 mm的HRB400竖向钢筋，下端插入套筒内，上端延伸出墙板顶部，下端车丝长度为23 mm。

（无洞口内墙）
配筋图拓展识读

(2)③b号钢筋为11根直径为6 mm的HRB400竖向钢筋。

(3)③c号钢筋为4根直径为12 mm的HRB400竖向钢筋。

(4)③d号钢筋为13根直径为8 mm的HRB400水平环向封闭钢筋,两端伸出墙板边缘各200 mm。

(5)③e号钢筋为1根直径为8 mm的HRB400水平环向封闭钢筋,两端伸出墙板边缘各200 mm。

(6)③f号钢筋为2根直径为8 mm的HRB400水平环向封闭钢筋,两端不伸出墙板。

(7)③La号钢筋为墙板中间的拉筋,规格为直径为6 mm的HRB400钢筋,间距为600 mm。

(8)③Lb号钢筋为墙板两侧竖向拉筋,规格为26根直径为6 mm的HRB400钢筋。

(9)③Lc号钢筋为墙板最底部一排拉筋,规格为7根直径为6 mm的HRB400钢筋。

3. 预埋件布置图识读

(1)由主视图可以读取出第一排套筒灌浆孔(出浆孔)距离内墙板左侧边缘355 mm,中间各排距离以245 mm和355 mm间隔出现,最后一排距离内墙板右侧边缘245 mm。

(2)临时支撑预埋螺母MJ2共4个,距离内墙板左、右边缘350 mm,沿着高度方向的距离分别为550 mm、1 390 mm和700 mm。

(3)结合俯视图,吊件MJ1共2个,距离左、右墙板边缘均为450 mm,居墙板中线位置。

(4)预埋线盒共3个,高区、中区中心距离墙边缘 X 可以选取150 mm、450 mm、3 150 mm和3 450 mm,低区中心距离墙边缘 X 可以选取150 mm、450 mm、750 mm、1 050 mm等尺寸。

(5)由仰视图可以读取出套筒组件TT1共5个、TT2共6个,相互之间的距离均为300 mm。

4. 节点详图识读

结合图2-2可读取出节点①详图内容为:内墙板左、右两侧边缘各预留宽度为30 mm、深度为5 mm的槽孔,竖向贯穿整个内墙板高度。

5. 钢筋表与预埋件表识读

钢筋表与预埋件表内容如图2-3和图2-4所示。钢筋表主要表达墙板内钢筋类型、钢筋编号、结构抗震等级、钢筋加工尺寸及备注等内容;预埋件表主要表达编号、名称、数量、预埋线盒位置选用等内容。

2.1.4 知识拓展

(1)预制内墙板索引图标注了每块墙板质量,按照吊点在构件重心两侧对称布置的原则,在模板图中标注吊点数量和位置。标准图集《预制混凝土剪力墙内墙板》(15G365—2)构件详图中预埋吊件MJ1采用吊钉图示,设计人员也可根据工程实际情况,选用其他适宜的产品。

(2) 预制内墙板模板图中表示了外露钢筋，构件配筋图中详细标注了外露钢筋的定位，生产单位组装模板时，应同时查阅模板图和配筋图。除外露钢筋需要准确定位外，预制构件内的其他钢筋定位可适当微调。

(3) 标准图集构件详图中连接钢筋用的灌浆套筒按固定尺寸编制，钢筋加工前应根据实际使用灌浆套筒的规格尺寸对连接钢筋的加工长度进行复核、调整。

(4) 标准图集《预制混凝土剪力墙内墙板》(15G365-2)中预制内墙板与后浇混凝土的结合面按粗糙面设计，粗糙面的凹凸深度不应小于 6 mm，预制墙板侧面也可按图 2-5 设置键槽。

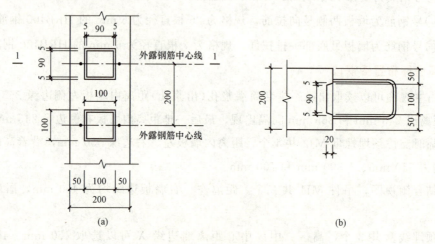

图 2-5　预制内墙板两侧键槽示意
(a)预留键槽立面示意；(b)1—1 剖面图

(5) 在预制内墙板与后浇混凝土相连的部位，标准图集《预制混凝土剪力墙内墙板》(15G365-2)中墙板两侧均设计了预留凹槽 30 mm×5 mm，既是保障预制混凝土与后浇混凝土接缝外观平整度的措施，同时也能够防止后浇混凝土漏浆。构件详图中未设置后浇混凝土模板固定所需预埋件，设计人员应与生产单位、施工单位协调，根据实际施工方案，在预制内墙板详图中补充相关的预埋件。

实例 2.2　有洞口预制混凝土内墙板识图

2.2.1　实例分析

某公司技术员王某接到某工程带固定门垛预制混凝土剪力墙内墙的生产任务，其内墙板示意如图 2-6 所示。该工程预制混凝土剪力墙内墙板类型选用图集《预制混凝土剪力墙内墙板》(15G365—2)中编号为 NQM1-3330-1022 的剪力墙,其工程概况如下:预制混凝土内墙板按一类环境类别设计,最外层钢筋保护层厚度按 20 mm 设计,上、下层预制内墙板的竖向钢筋采用套筒灌浆连接,相邻预制内墙板之间的水平钢筋采用整体式接缝连接;预制内墙板厚度为 200 mm;楼板和预制阳台板的厚度为 130 mm;混凝土强度等级为 C30,三级抗震;钢筋均采用 HRB400 级,钢材采用 Q235-B 级;灌浆套筒和套筒灌浆料应符合现行国家有关标准的规定,构件吊装用吊件、临时支撑用预埋螺母等其他预埋件应符合现行国家有关标准的规定。

　　王某若要完成该内墙板的生产任务,必须先结合标准图集及工程概况完成该内墙板的识图任务,该内墙板索引图、模板图及配筋图如图 2-7～图 2-9 所示,NQM1 选用表见表 2-4。

图 2-6　带固定门垛内墙板示意

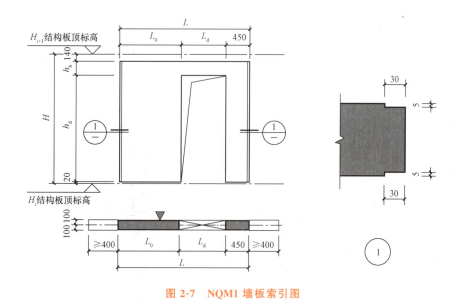

图 2-7　NQM1 墙板索引图

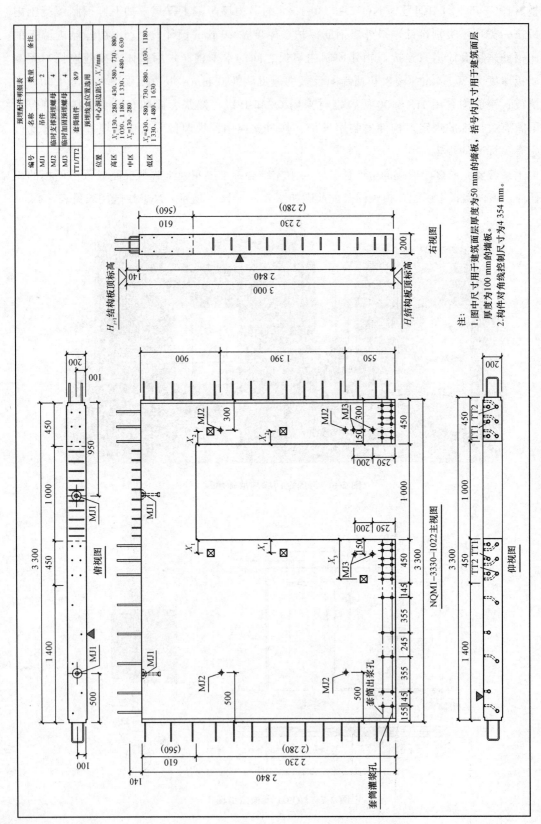

图 2-8 NQM1-3330-1022 模板图

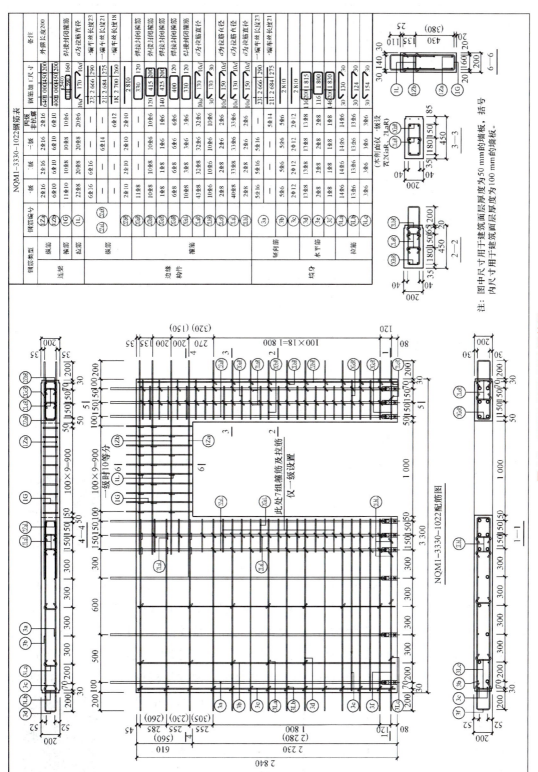

图 2-9 NQM1-3330-1022 配筋图

表 2-4　NQM1 选用表

层高 H/mm	墙板编号	标志宽度 L/mm	L_d /mm	L_0 /mm	h_d /mm	h_b /mm
3 000	NQM1-2130-0922	2 100	900	750	2 230(2 280)	610(560)
	NQM1-2430-1022	2 400	1 000	950	2 230(2 280)	610(560)
	NQM1-2730-0922	2 700	900	1 350	2 230(2 280)	610(560)
	NQM1-2730-1022	2 700	1 000	1 250	2 230(2 280)	610(560)
	NQM1-3330-0922	3 300	900	1 950	2 230(2 280)	610(560)
	NQM1-3330-1022	3 300	1 000	1 850	2 230(2 280)	610(560)
	NQM1-3630-0922	3 600	900	2 250	2 230(2 280)	610(560)
	NQM1-3630-1022	3 600	1 000	2 150	2 230(2 280)	610(560)

注：表中表示建筑面层为 50 mm 和 100 mm 两种，括号内为 100 mm 厚建筑面层对应数值。

2.2.2　相关知识

1. 预制墙板类型与编号规定

预制墙板类型与编号规定同无洞口预制混凝土内墙板部分相关内容。

2. 预制墙板列表注写内容

预制墙板列表注写内容同无洞口预制混凝土内墙板部分相关内容。

2.2.3　任务实施

1. 模板图识读

从图 2-8 中可以读取出 NQM1-3330-1022 模板图中的以下内容：

（1）由主视图和右视图可以读取出内墙板的标志宽度为 3 300 mm，层高为 3 000 mm，厚度为 200 mm，预制墙板高度为 2 840 mm，墙板构件对角线控制尺寸为 4 354 mm。

（2）由仰视图和主视图可以读取出门垛宽度为 450 mm，门洞宽度为 1 000 mm，门洞两侧灌浆套筒对称布置；由右视图可以读取出内墙板底部距离结构板顶为 20 mm，内墙板顶部距离上一层结构板顶为 140 mm，门洞高度为 2 230 mm(2 280 mm)。

（有洞口内墙）
模板图识读

2. 配筋图识读

从图 2-9 中可以读取出 NQM1-3330-1022 墙板配筋图中共有连梁、边缘构件、墙身三类构件、25 种类型钢筋，根据工程概况，构件抗震等级为三级。下面以连梁和边缘构件为例识读各种钢筋的相关信息（墙

（有洞口内墙）
配筋图识读

身各种钢筋信息阅读方法参见无洞口内墙板相应内容）：

(1)连梁配筋图识读。由6—6断面图可以读取出连梁宽度为200 mm，箍筋距离左、右两侧边缘各20 mm；高度方向箍筋距离连梁下边缘20 mm，中间拉筋与箍筋下边缘高度为430 mm(380 mm)，两根拉筋之间的高度为135 mm，上部拉筋距离连梁顶部25 mm，连梁顶部伸出箍筋高度为110 mm。

⑫ₐ号钢筋为2根直径为16 mm的HRB400水平纵筋，左端伸入门洞左边缘构件内640 mm，右端延伸出墙板外露长度为200 mm。

⑫ᵦ号钢筋为6根直径为10 mm的HRB400水平纵筋，左端伸入门洞左边缘构件内400 mm，右端延伸出墙板外露长度为200 mm。

①G号钢筋为10根直径为8 mm的HRB400箍筋，为焊接封闭箍筋，箍筋外露出内墙板顶面110 mm。

①L号钢筋为20根直径为8 mm的HRB400拉筋，拉筋弯钩平直段长度为10d(d为拉筋直径)。

(2)边缘构件配筋图识读。由2—2断面图可以读取出门垛边缘构件宽度为450 mm，厚度为200 mm；沿墙板厚度方向，箍筋距离墙板两侧边缘各40 mm；沿墙板宽度方向箍筋距离左边缘35 mm，与第一道拉筋之间的距离为180 mm，第一道拉筋与第二道拉筋之间的距离为150 mm，第二道拉筋与第三道拉筋之间的距离为65 mm，最后一道拉筋与墙板右边缘的距离为20 mm，箍筋右侧外露长度为200 mm。

②ₐL ⑫ₐR号钢筋为6根直径为14 mm的HRB400纵向钢筋，下端插入套筒内，上端延伸出墙板顶部，下端车丝长度为21 mm。

②ᵦR号钢筋为2根直径为10 mm的HRB400纵向钢筋。

②GₗR号钢筋为10根直径为6 mm的HRB400箍筋，为焊接封闭箍筋，箍筋外露出内墙板200 mm。

②G꜀R号钢筋为1根直径为6 mm的HRB400箍筋，为焊接封闭箍筋，箍筋外露出内墙板200 mm。

②GdR号钢筋为6根直径为6 mm的HRB400箍筋，为焊接封闭箍筋。

②GₐR号钢筋为3根直径为6 mm的HRB400箍筋，为焊接封闭箍筋。

①LₐR号钢筋为2—2断面图中中间两道32根直径为6 mm的HRB400拉筋，拉筋弯钩平直段长度为10d(d为拉筋直径)。

①LᵦR号钢筋为2—2断面图中最右边一道10根直径为6 mm的HRB400拉筋，拉筋弯钩平直段长度为30 mm。

①L꜀R号钢筋为门垛最下部灌浆套筒位置的2根直径为6 mm的HRB400拉筋，拉筋弯钩平直段长度为10d(d为拉筋直径)。

3. 预埋件布置图识读

(1)由主视图可以读取出第一排套筒灌浆孔(出浆孔)距离内墙板左侧边缘155 mm，中间各排距离分别为 145 mm、355 mm、245 mm、355 mm、145 mm，在门洞口两侧 450 mm 范围内均匀布置。

（2）临时支撑预埋螺母 MJ2 共 4 个，左侧距离内墙板左边缘 500 mm，右侧距离内墙板右边缘 300 mm，沿着高度方向的距离分别为 550 mm、1 390 mm 和 900 mm。临时支撑预埋螺母 MJ3 共 4 个，门洞左侧距离门洞左边缘 150 mm，右侧距离门洞右边缘 150 mm，沿着高度方向的距离分别是 250 mm 和 200 mm。

（3）结合俯视图，吊件 MJ1 共 2 个，左侧的距离内墙板左侧边缘 500 mm，右侧的距离内墙板右侧边缘 950 mm，居墙板中线位置。

（4）预埋线盒共 5 个，高区、中区中心与墙门洞边缘的距离 X_1 可以选取 130 mm、280 mm、430 mm 等尺寸，X_2 可以选取 130 mm、280 mm，低区中心与墙门洞边缘的距离 X_3 可以选取 430 mm、580 mm、730 mm 等尺寸。

（5）由仰视图可以读取出套筒组件 TT1 共 8 个、TT2 共 9 个。

4. 节点详图识读

结合图 2-7 可读取出节点①详图内容如下：内墙板左、右两侧边缘各预留宽度为 30 mm、深度为 5 mm 的槽孔，竖向贯穿整个内墙板高度。

5. 钢筋表与预埋件表识读

钢筋表与预埋件表的内容如图 2-8 和图 2-9 所示。钢筋表主要表达墙板内钢筋类型、钢筋编号、结构抗震等级、钢筋加工尺寸及备注等内容；预埋件表主要表达编号、名称、数量、预埋线盒位置选用等内容。

2.2.4 知识拓展

刀把内墙板 NQM3-1828-0921 模板图和配筋图如图 2-10 和图 2-11 所示。模板图中与无洞口内墙板和固定门垛内墙板不同的是在刀把的右侧面和上顶部位置各预埋了两个临时加固预埋螺母 MJ3，在刀把的上部右侧面设置了两个键槽，键槽大样图如图 2-10 所示；配筋图的表达内容与识读方法与前述基本相同。

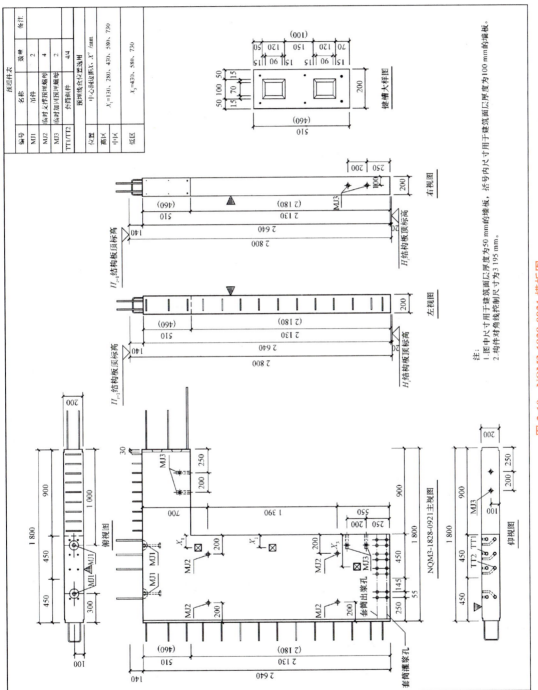

图 2-10 NQM3-1828-0921 模板图

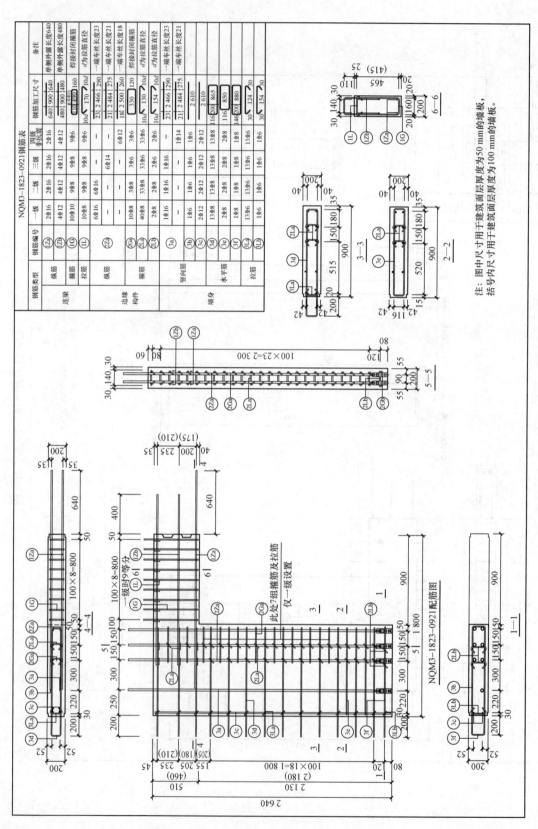

图 2-11 NQM3-1828-0921 配筋图

实例 2.3　预制混凝土内墙板深化设计

2.3.1　实例分析

某公司设计员王某接到某剪力墙结构工程内墙板深化设计任务，其剪力墙平面布置图如图 2-12 所示。该工程预制混凝土剪力墙内墙板类型及结构连接节点构造可选用图集《预制混凝土剪力墙内墙板》(15G365—2)和《装配式混凝土结构连接节点构造（剪力墙）》(15G310—2)中的相应内容。其工程概况如下：预制内墙板按室内一类环境设计，最外层钢筋保护层厚度按 20 mm 设计；上、下层预制内墙板的竖向钢筋采用套筒灌浆连接，相邻预制内墙板之间的水平钢筋接缝连接可参考图集的相关规定；预制内墙板厚度为 200 mm；楼板和预制阳台板的厚度为 130 mm；混凝土强度等级为 C30，三级抗震；钢筋均采用 HRB400 级，钢材采用 Q235-B 级；灌浆套筒和套筒灌浆料应符合现行国家相关标准的规定，构件吊装用吊件、临时支撑用预埋螺母等其他预埋件应符合现行国家有关标准的规定。

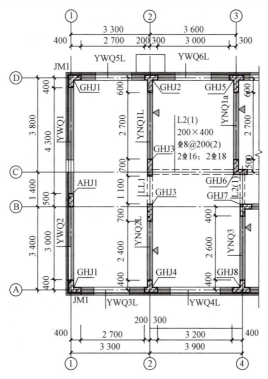

图 2-12　某工程 8.300～55.900 剪力墙平面布置图

王某若要完成该内墙板的深化设计任务，必须先结合标准图集与工程概况掌握预制墙间竖向接缝构造、预制墙水平接缝连接构造等内容，以及深化设计文件应包括的内容。

2.3.2 相关知识

1. 内墙板构造要求

内墙板构造要求参见任务1中外墙板构造要求的相应内容。

2. 内墙板竖向接缝构造

(1)内墙板竖向接缝构造参见任务1中外墙板竖向接缝构造的相应内容。

预制内墙板接缝构造

(2)内墙板竖向接缝构造节点示例。

1)L型后浇段竖向接缝构造节点示例如图2-13和图2-14所示。当结构抗震等级为一级时，后浇段的混凝土强度等级不低于C35；当结构抗震等级为二、三、四级时，后浇段的混凝土强度等级不低于C30，图中箍筋及纵筋均按钢筋中心线定位；后浇段竖向钢筋直径及间距应结合墙板竖向钢筋，根据计算结果及现行国家标准要求进行配置；后浇段连接钢筋兼作边缘构件箍筋时，一级抗震等级选用 ⊥8@100，二、三、四级抗震等级选取用 ⊥8@200。

2)T型后浇段竖向接缝构造节点示例如图2-15和图2-16所示，后浇段连接钢筋选用 ⊥8@200，其他构造要求参见L型后浇段竖向接缝构造。

3)一型后浇段竖向接缝构造节点示例如图2-17所示，后浇段连接钢筋选用 ⊥8@200，其他构造要求参见L型后浇段竖向接缝构造。

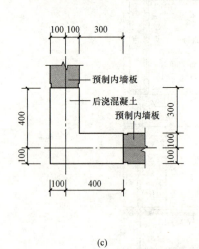
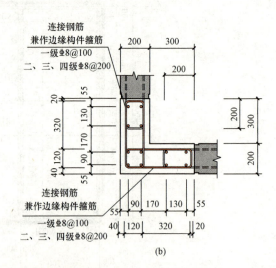

图2-13 L型后浇段(LJZ1)

(a)平面图；(b)后浇段结构详图

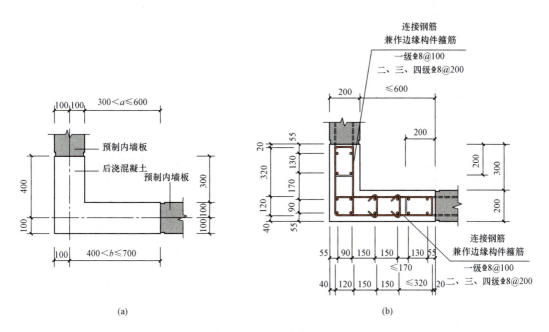

图 2-14　L 型后浇段(LJZ2)

(a)平面图；(b)后浇段结构详图

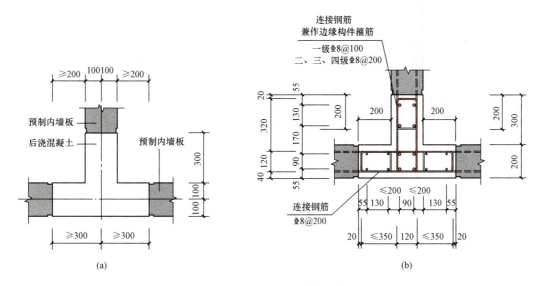

图 2-15　T 型后浇段竖向接缝构造(LYZ1)

(a)平面图；(b)后浇段结构详图

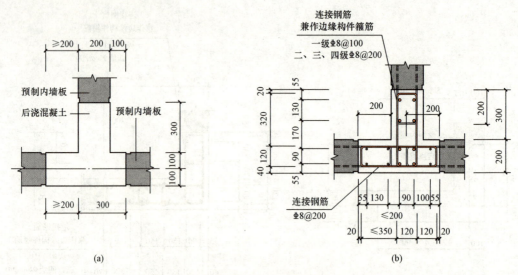

图 2-16　T 型后浇段竖向接缝构造(LYZ2)

(a)平面图；(b)后浇段结构详图

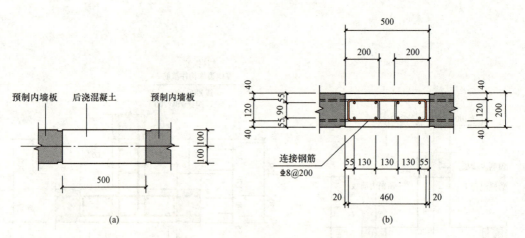

图 2-17　一型后浇段竖向接缝构造(LAZ)

(a)平面图；(b)后浇段结构详图

3. 内墙板水平接缝构造

内墙板水平接缝构造如图 2-18 所示，在接缝处的两侧用砂浆封堵，安装缝内实施灌浆；连接节点处还体现了灌浆套筒位置、连梁纵筋或水平后浇带钢筋、后浇混凝土层、板厚度方向的细部尺寸等。

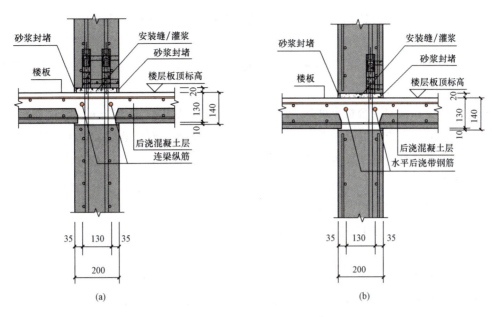

图 2-18 内墙板水平接缝构造

(a)边缘构件区；(b)墙体区

2.3.3 任务实施

内墙板深化设计任务实施内容参见任务 1 中外墙板深化设计任务实施的相应内容，下面仅介绍其不同点。

1. 选用 15G365－2 标准图集设计方法

(1)尺寸选择：内墙板分段自由，根据具体工程中的户型布置和墙段长度，结合图集中的墙板类型尺寸，将内墙板分段，通过调整后浇段长度，使预制构件均能够直接选用标准墙板，若具体工程中设计与图集中墙板模板、配筋相差较大，设计可参考 15G365－2 标准图集中墙板类型相关构件详图，重新进行构件设计。

(2)选用步骤。

1)确定各参数与标准图集适用范围要求一致。

2)结构抗震等级、混凝土强度等级、建筑面层厚度等相关参数应在施工图中统一说明。

3)按现行国家相关标准进行剪力墙结构计算分析，根据结构平面布置及计算结果，确定所选预制内墙板的计算配筋与标准图集构件详图一致，并对预制构件水平接缝的受剪承载力进行核算。

4)根据预制内墙板门洞口位置及尺寸、墙板标志宽度及层高，确定预制内墙板编号。

5)根据工程实际情况，对构件详图中的 MJ1、MJ2、MJ3 进行补充设计，进行必要的施工验算。

6)结合生产、施工的实际需求，补充设计相关预埋件(门框预埋件、模板固定预埋件等)。

7)结合设备专业图纸，选用电线盒预埋位置，补充预制内墙板中其他设备孔洞及管线。

(3)选用示例。下面以图2-19和图2-20为例说明预制内墙板选用方法。

已知条件：

1)建筑层高为2 800 mm，墙板标志宽度为3 600 mm、7 500 mm，内墙门洞尺寸为1 000 mm×2 100 mm。

2)叠合楼板和预制阳台板厚度均为130 mm，建筑面层厚度为50 mm。

3)抗震等级为二级，混凝土强度等级为C30，所在楼层为标准层，剪力墙边缘构件为构造边缘构件，墙身计算结果为构造配筋(各部分配筋量与15G365—2标准图集构件相符)。

选用结果：

1)不开洞内墙板的选用：通过调整预制墙体和后浇墙体尺寸，将不开洞墙板分成两段符合3M尺寸的墙板，与15G365—2标准图集索引图核对墙板类型，直接选用NQ-2428和NQ-3028。

2)开门洞内墙板的选用：根据开门洞位置，选择相应内墙板类型，本示例中门洞偏置，符合NQM1-3628-1021尺寸关系，通过调整后浇段尺寸，直接选用标准内墙板。

3)按15G365—2标准图集选用标准构件后，应在结构设计说明或结构施工图中补充以下内容：结构抗震等级为二级，预制墙板混凝土强度等级为C30，建筑面层厚度为50 mm；设计人员与生产单位、施工单位确定吊件形式并进行核算，补充施工预埋件，核对并补充各专业预埋管线。

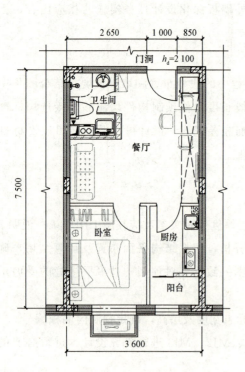

图2-19 建筑平面图

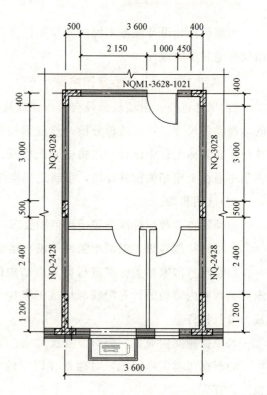

图2-20 内墙板选用示例

2. 深化设计软件设计方法

登录装配式建筑深化设计软件完成预制混凝土剪力墙内墙板的深化设计。

软件设计方法

2.3.4 知识拓展

双面叠合墙板通过全自动进口流水线进行生产，自动化程度高，具有非常高的生产效率和加工精度，同时具有整体性好、防水性能优良等特点，如图2-21所示。

图2-21 双面叠合剪力墙示意

双面叠合剪力墙中内、外叶预制墙板通过钢筋桁架连接形成整体，增强了预制构件的刚度，避免运输和安装期间墙板产生较大变形和开裂。现场在空腔内浇筑混凝土时，钢筋桁架应能承受施工荷载以及混凝土的侧压力产生的作用，钢筋桁架代替拉筋的作用，保证其与两层分布钢筋可靠连接。

双面叠合剪力墙的水平接缝宜设置在楼层处，为保证接缝处后浇混凝土浇筑密实，水平接缝高度不宜小于50 mm。同时，为保证两块双面叠合墙板外叶墙板内跨楼层处水平钢筋竖向间距符合设计要求，水平接缝高度不宜大于100 mm（下层叠合墙板外叶墙板端部钢筋中心到外叶墙板顶面的距离为50 mm，上层叠合墙板外叶墙板内端部钢筋中心到墙板底面的距离为50 mm）。为了保证水平接缝处竖向连接钢筋的构造，在现场施工过程中，应采取必要的施工方法和措施保证竖向插筋沿剪力墙截面高度方向的钢筋间距，具体可采取制作定位筋的方式进行竖向连接钢筋的定位。双面叠合剪力墙水平接缝处典型竖向连接节点如图2-22所示。

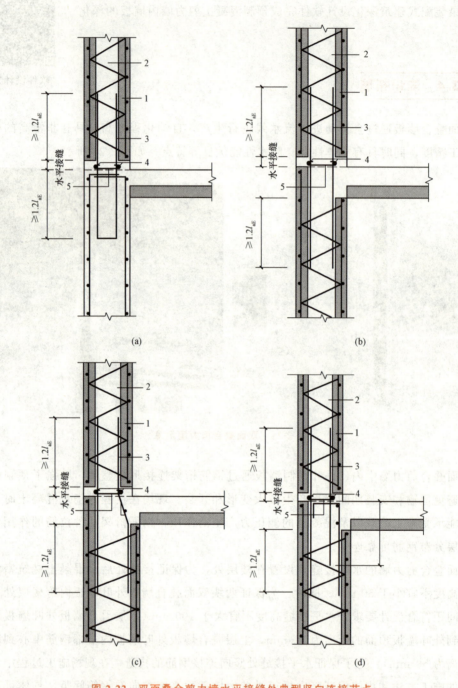

图 2-22 双面叠合剪力墙水平接缝处典型竖向连接节点
(a)下端现浇剪力墙，上端双面叠合剪力墙；(b)上、下端等厚双面叠合剪力墙；
(c)上、下端不等厚双面叠合剪力墙且 $a/b \leqslant 1/6$；(d)上、下端不等厚双面叠合剪力墙且 $a/b > 1/6$
1—预制部分；2—现浇部分；3—竖向连接钢筋；4—附加水平筋；5—附加拉筋

学习启示

党的二十大报告指出，积极稳妥推进碳达峰碳中和，推动能源清洁低碳高效利用，推进工业、建筑、交通等领域清洁低碳转型。结合装配式建筑绿色、高效、低碳、节能又环保的特点，引入杭州G20会议中心、北京大兴国际机场等标志性工程，使学生认识到，建筑设计不仅要舒适美观，还要节能环保；装配式建筑不仅是建筑业转型升级的方向，而且是打造宜居、韧性、智慧城市的重要路径。

小结

通过本部分的学习，要求学生掌握预制混凝土内墙板的类型和编号规定、预制墙板列表注写方法、后浇段编号及后浇段表所表达的内容、钢筋加工尺寸标注说明；能够熟练阅读预制混凝土内墙板模板图、配筋图、预埋件布置图、钢筋明细表；能够掌握深化设计文件所包括的内容。

习题

一、简答题

1. 预制混凝土内墙板有哪几种形式？
2. 解释 NQM2-3029-1022、NQM3-3329-1022 各符号的含义。
3. 钢筋表与预埋件表主要表达哪些内容？
4. 绘制 L 型后浇段竖向接缝构造节点详图。
5. 绘制 T 型后浇段竖向接缝构造节点详图。
6. 绘制内墙板水平接缝构造详图。
7. 简述双面叠合剪力墙的特点。

二、识图题

某工程预制混凝土内墙板 NQM2-3329-1022 的模板图及配筋图如图 2-23 和图 2-24 所示，参照前述"任务实施"部分的识图要求，试识读该内墙板的模板图、配筋图及预埋件布置图。

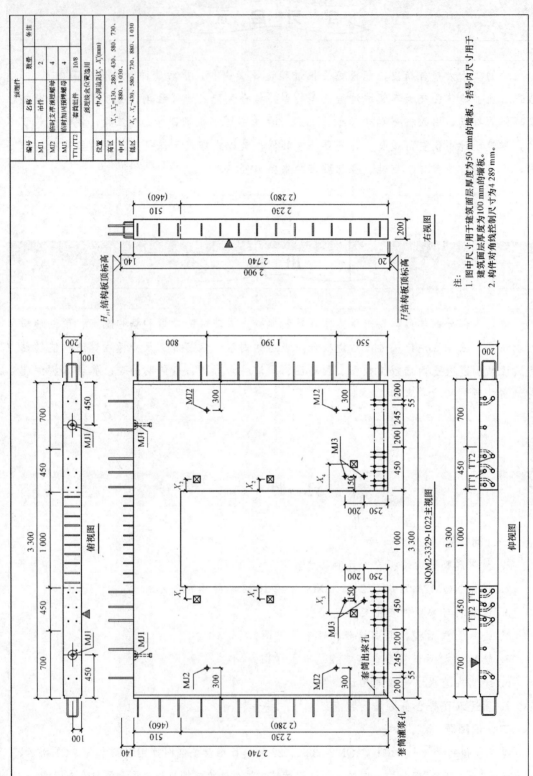

图 2-23 NQM2-3329-1022 模板图

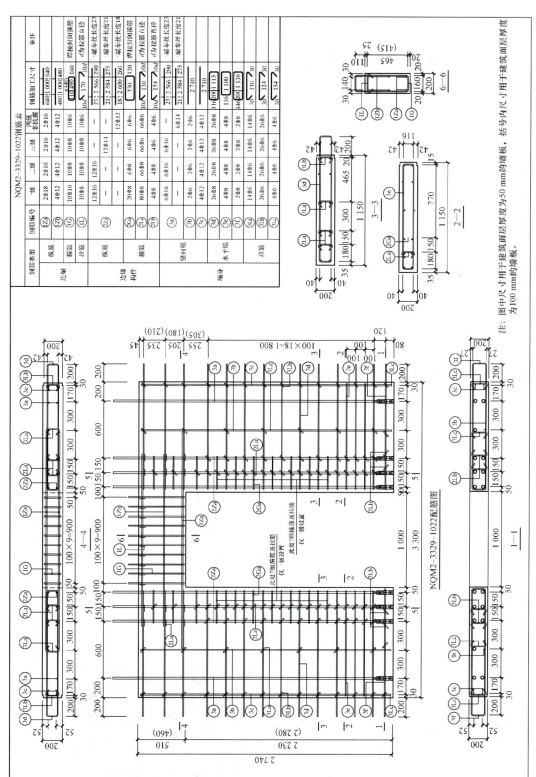

图 2-24 NQM2-3329-1022 配筋图

任务 3　桁架钢筋混凝土叠合板识图与深化设计

> **学习目标**
>
> **知识目标**：掌握双向（单向）叠合板类型与编号规定、现浇层标注方法、底板标注方法；掌握叠合板构造要求、双向叠合板整体式接缝连接构造、梁支座板端连接构造、剪力墙支座板端连接构造、单向叠合板板侧连接构造及悬挑叠合（预制）板连接构造等。
>
> **能力目标**：能够正确识读双向（单向）叠合板模板图、配筋图、吊点位置布置图、节点详图、钢筋表与底板参数表；能够进行预制桁架叠合板的深化设计。
>
> **素质目标**：养成精细识读、精细设计叠合板施工图的良好作风；精研细磨叠合板构造，培养一丝不苟的工匠精神和劳动风尚，凸显"精细意识""责任意识"。

实例 3.1　双向桁架钢筋混凝土叠合板识图

3.1.1　实例分析

某公司技术员王某接到某工程双向桁架钢筋混凝土叠合板的生产任务，其叠合板示意如图 3-1 所示。该工程桁架钢筋混凝土叠合板类型选用图集《桁架钢筋混凝土叠合板（60 mm 厚底板）》(15G366—1)中编号为 DBS2-67-3015-11 的叠合板，其工程概况如下：工程环境类别为一类，剪力墙厚度为 200 mm，混凝土强度等级为 C30，底板钢筋及钢筋桁架的上弦、下弦钢筋采用 HRB400，钢筋桁架腹杆钢筋采用 HPB300，底板最外层钢筋混凝土保护层厚度为 15 mm，底板混凝土厚度为 60 mm，后浇混凝土叠合层厚度为 70 mm。

课程思政　　课程网络资源

图 3-1　双向桁架钢筋混凝土叠合板示意

王某若要完成该叠合板的生产任务，必须先结合标准图集及工程概况完成该叠合板的识图任务，该叠合板模板图、配筋图及节点详图如图3-2～图3-5所示，相关信息见表3-1～表3-3。

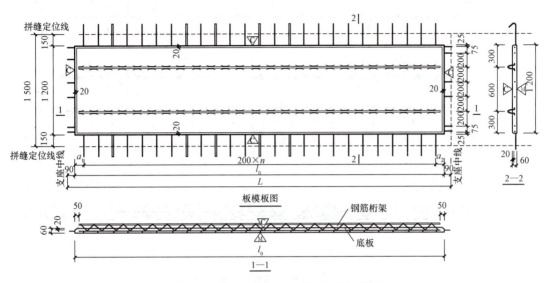

图3-2　DBS2-67-3015-11底板中板模板图

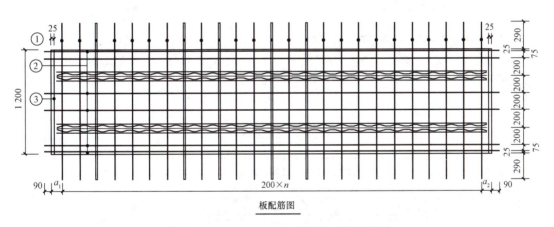

图3-3　DBS2-67-3015-11底板中板板配筋图
注：①号钢筋弯钩角度为135°；②号钢筋位于①号钢筋上层，桁架下弦钢筋与②号钢筋同层。

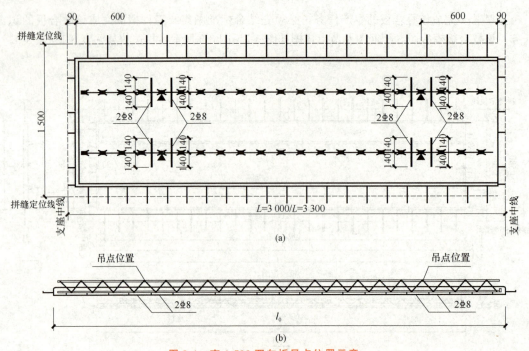

图 3-4　宽 1 500 双向板吊点位置示意
(a)宽 1 500 双向板吊点位置平面示意；(b)吊点位置侧面示意

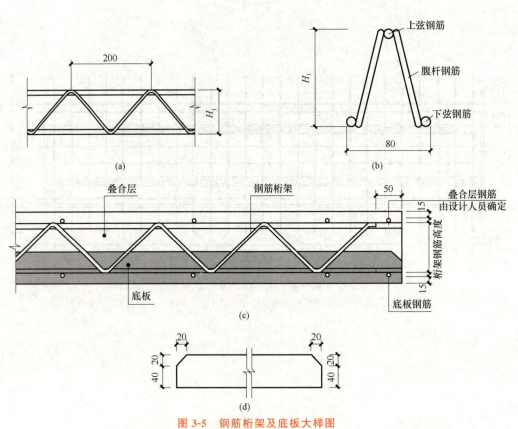

图 3-5　钢筋桁架及底板大样图
(a)钢筋桁架立面图；(b)钢筋桁架剖面图；(c)叠合板剖面图；(d)双向板断面图

表 3-1　叠合板 DBS2-67-3015-11 底板参数

底板编号 (X 代表 1、3)	l_0 /mm	a_1 /mm	a_2 /mm	n	桁架型号		
					编号	长度 /mm	质量 /kg
DBS2-67-3015-X1	2 820	150	70	13	A80	2 720	4.79
DBS2-68-3015-X1					A90		4.87

注：DBS2-67-3015-11 中各符号的含义：DBS——桁架钢筋混凝土叠合板用底板（双向板）；2——叠合板类型（1 为边板，2 为中板）；6——预制底板厚度，以 cm 计，即 60 mm；7——后浇叠合层厚度，以 cm 计（7 代表 70 mm，8 代表 80 mm，9 代表 90 mm）；30——标志跨度，以 dm 计，即 3 000 mm；15——标志宽度，以 dm 计，即 1 500 mm；11——底板跨度及宽度方向钢筋代号。

表 3-2　DBS2-67-3015-11 底板配筋表

底板编号 (X 代表 7、8)	①			②			③		
	规格	加工尺寸	根数	规格	加工尺寸	根数	规格	加工尺寸	根数
DBS2-6X-3015-11	⌀8	40 ⌐1 780⌐ 40	14	⌀8	3 000	6	⌀6	1 150	2
DBS2-6X-3015-31				⌀10					

表 3-3　钢筋桁架规格及代号表

桁架规格 代号	上弦钢筋 公称直径/mm	下弦钢筋 公称直径/mm	腹杆钢筋 公称直径/mm	桁架 设计高度/mm	桁架每延米理论 质量/(kg·m^{-1})
A80	8	8	6	80	1.76
A90	8	8	6	90	1.79
A100	8	8	6	100	1.82
B80	10	8	6	80	1.98
B90	10	8	6	90	2.01
B100	10	8	6	100	2.04

3.1.2　相关知识

图 3-6 所示为叠合楼盖平面布置图，主要包括底板布置平面图、现浇层配筋平面图、水平后浇带或圈梁平面布置图。

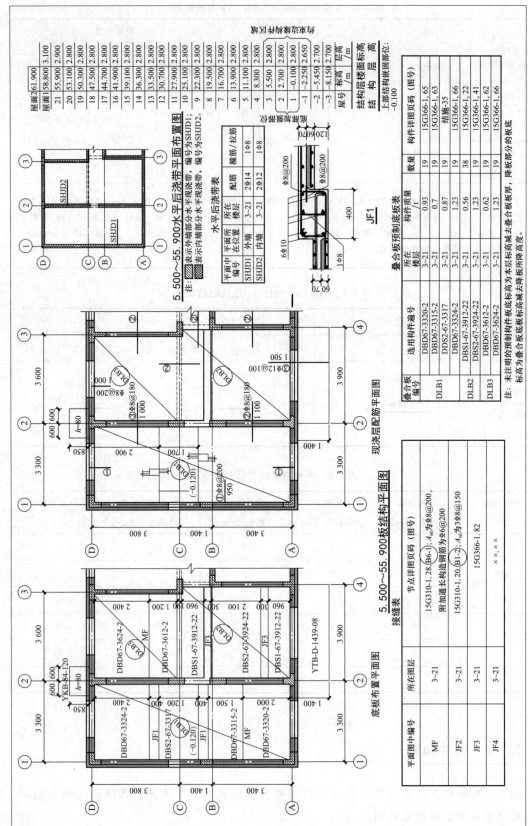

图 3-6 叠合楼盖平面布置图示例

所有叠合板板块应逐一编号，相同编号的板块可择其一作集中标注，其他仅注写置于圆圈内的板编号。叠合板编号由叠合板代号和序号组成，表达形式见表3-4。如DLB3：表示楼板为叠合板，序号为3；DWB2：表示屋面板为叠合板，序号为2；DXB1：表示悬挑板为叠合板，序号为1。

表3-4 叠合板编号

叠合板类型	代号	序号
叠合楼面板	DLB	××
叠合屋面板	DWB	××
叠合悬挑板	DXB	××

1. 双向叠合板类型与编号规定

双向叠合板分为底板边板和底板中板两种类型。双向叠合板的编号如图3-7所示。

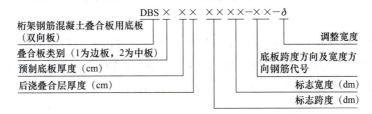

图3-7 双向叠合板的编号

双向板底板宽度及跨度和双向板底板跨度、宽度方向钢筋代号组合分别见表3-5和表3-6。

表3-5 双向板底板宽度及跨度

宽度	标志宽度/mm	1 200	1 500	1 800	2 000	2 400
	边板实际宽度/mm	960	1 260	1 560	1 760	2 160
	中板实际宽度/mm	900	1 200	1 500	1 700	2 100
跨度	标志跨度/mm	3 000	3 300	3 600	3 900	4 200	4 500
	实际跨度/mm	2 820	3 120	3 420	3 720	4 020	4 320
	标志跨度/mm	4 800	5 100	5 400	5 700	6 000	—
	实际跨度/mm	4 620	4 920	5 220	5 520	5 820	—

表3-6 双向板底板跨度、宽度方向钢筋代号组合

编号 宽度方向钢筋 \ 钢筋跨度方向	⌀8@200	⌀8@150	⌀10@200	⌀10@150
⌀8@200	11	21	31	41

续表

编号 宽度方向钢筋 \ 钢筋跨度方向	⌀8@200	⌀8@150	⌀10@200	⌀10@150
⌀8@150	—	22	32	42
⌀8@100				43

例1：底板编号 DBS1-67-3620-31，表示双向受力叠合板用底板，拼装位置为边板，预制底板厚度为 60 mm，后浇叠合层厚度为 70 mm，预制底板的标志跨度为 3 600 mm，预制底板的标志宽度为 2 000 mm，底板跨度方向配筋为 ⌀10@200，底板宽度方向配筋为 ⌀8@200。

例2：底板编号 DBS2-67-3620-31，表示双向受力叠合板用底板，拼装位置为中板，预制底板厚度为 60 mm，后浇叠合层厚度为 70 mm，预制底板的标志跨度为 3 600 mm，预制底板的标志宽度为 2 000 mm，底板跨度方向配筋为 ⌀10@200，底板宽度方向配筋为 ⌀8@200。

2. 双向叠合板现浇层标注方法

叠合楼盖现浇层注写方法与《混凝土结构施工图平面整体表示方法制图规则和构造详图（现浇混凝土框架、剪力墙、梁、板）》(22G101—1)的"有梁楼盖板平法施工图的表示方法"相同。同时应标注叠合板编号，如图 3-6 中的叠合板 DLB1、DLB2、DLB3 等。

3. 双向叠合板底板标注方法

预制底板布置平面图中需要标注叠合板编号、预制底板编号、各块预制底板尺寸和定位。预制底板为单向板时，需标注板边调节缝和定位；预制底板为双向板时还应标注接缝尺寸和定位；当板面标高不同时，标注底板标高高差，下降为负（—）。如图 3-6 所示，①轴与②轴之间叠合板编号为 DLB1；编号为 DBS2-67-3317 的叠合板，其标志跨度为 3 300 mm，标志宽度为 1 700 mm，两侧底板接缝宽度各为 400 mm，板面标高比两侧底板低 120 mm。

预制底板表中需要标明编号、板块内的预制底板编号及其与叠合板编号的对应关系、所在楼层、构件质量和数量、构件详图页码（自行设计构件为图号）、构件设计补充内容（线盒、留洞位置等）。

4. 其他说明

(1)叠合楼盖预制底板接缝需要在平面上标注其编号、尺寸和位置，并需给出接缝的详图，接缝编号规则见表 3-7，尺寸、定位和详图如图 3-6 所示。例如，JF1 位于Ⓑ轴与Ⓒ轴之间，结合 JF1 详图，该底板接缝为一现浇梁，宽度为 400 mm，高度为 250 mm，两侧板底高差为 120 mm。

表 3-7 叠合板底板接缝编号规则

名称	代号	序号
叠合板底板接缝	JF	××
叠合板底板密拼接缝	MF	—

(2)水平后浇带或圈梁标注。需在平面上标注水平后浇带或圈梁的分布位置,水平后浇带编号由代号和序号组成(表3-8),内容包括平面中的编号、所在平面位置、所在楼层及配筋等。

表3-8 水平后浇带编号

类型	代号	序号
水平后浇带	SHJD	××

3.1.3 任务实施

1. 模板图识读

双向板
模板图拓展识读

从图3-2和表3-1中可以读取出DBS2-67-3015-11模板图中的以下内容:

(1)模板长度方向的尺寸:$l_0=2\,820$ mm,$a_1=150$ mm,$a_2=70$ mm,$n=13$,$l_0=a_1+a_2+200n$,总长度$L=l_0+90\times2=3\,000$(mm),两端延伸至支座中线;桁架长度为$l_0-50\times2=2\,720$(mm)。

(2)模板宽度方向的尺寸:板实际宽度为1 200 mm,标志宽度为1 500 mm,板边缘至拼缝定位线各150 mm,板的四边坡面水平投影宽度均为20 mm;桁架距离板长边边缘300 mm,两平行桁架之间的距离为600 mm,钢筋桁架端部距离板端部50 mm。

(3)叠合板底板厚度为60 mm,△所指方向代表模板面,△所指方向代表粗糙面。

2. 配筋图识读

从图3-3和表3-2、表3-3中可以读取出DBS2-67-3015-11配筋图中的以下内容:

(1)①号钢筋为直径为8 mm的HRB400级,两端弯锚135°,平直段长度为40 mm,间距为200 mm,长度方向两端伸出板边缘290 mm,左侧板边第一根钢筋距离板左边缘$a_1=150$ mm,右侧板边第一根钢筋距离板右边缘$a_2=70$ mm。

(2)②号钢筋为直径为8 mm的HRB400级,两端无弯钩,两端间距为75 mm,中间间距为200 mm,长度方向两端伸出板边缘90 mm。

(3)③号钢筋为直径为6 mm的HRB400级,两端无弯钩,两端与①号钢筋的间距分别为$150-25=125$(mm)和$70-25=45$(mm)。

(4)桁架上弦和下弦钢筋为直径为8 mm的HRB400级,腹杆钢筋为直径为6 mm的HPB300级,长度方向桁架边缘距离板边缘50 mm。

3. 吊点位置布置图识读

从图3-4可知,图中所示"▲"表示吊点位置,吊点应设置在距离图中所示位置最近的上弦节点处。该双向板一共有4个吊点,吊点距离构件边缘600 mm,每个吊点两侧各设置两根直径为8 mm的HRB400附加钢筋,长度为280 mm。

4. 节点详图识读

从图 3-5 及表 3-3 可知，钢筋桁架高度 $H_1=80$ mm，两个下弦之间的水平距离为 80 mm；腹杆顶部弯折处水平距离为 200 mm，腹杆端部距离板边缘 50 mm；底板钢筋和叠合层钢筋的外边缘距离构件边缘 15 mm；双向板的断面顶部两端为坡面，坡面的断面尺寸为高度 20 mm、宽度 20 mm。

双向板
详图拓展识读

5. 钢筋表与底板参数表识读

从表 3-1 和表 3-2 可知，钢筋表主要表达底板编号、钢筋编号，以及各编号钢筋的规格、加工尺寸和根数等内容。底板参数表主要表达底板编号、底板净长度 l_0、第一根与最后一根钢筋与板端的距离 $a_1(a_2)$、板筋间距数量 n、桁架型号（编号、长度、质量）等内容。

3.1.4 知识拓展

某工程双向叠合板 DBS1-67-3315-31 底板边板模板图及配筋图如图 3-8 所示，由图可以读取出底板宽度方向下部钢筋外伸长度为 90 mm，上部钢筋外伸长度为 290 mm+δ（δ调整值由设计人员确定），①号钢筋上部弯钩角度为 135°，下部不设弯钩。其他构造要求参见双向叠合板底板中板模板图及配筋图的相应内容。

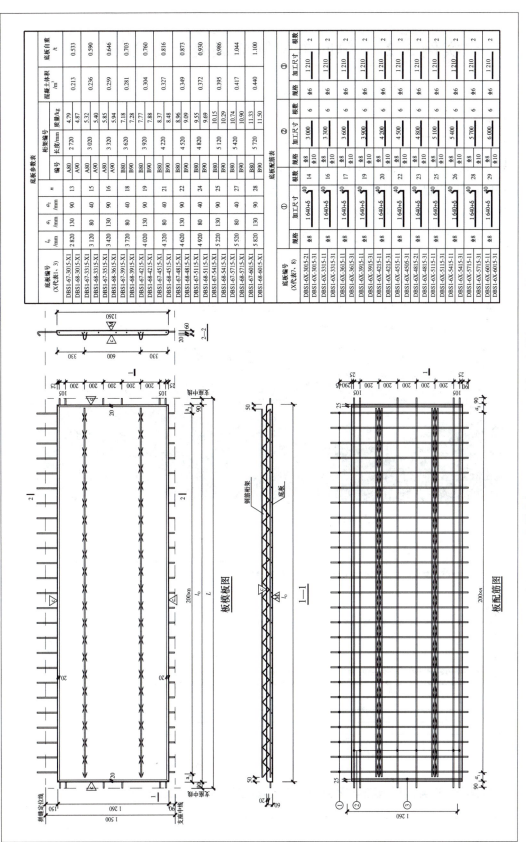

图 3-8 双向叠合板 DBS1-67-3315-31 底板边板模板图及配筋图

实例 3.2　单向桁架钢筋混凝土叠合板识图

3.2.1　实例分析

某公司技术员王某接到某工程单向桁架钢筋混凝土叠合板的生产任务，其叠合板示意如图 3-9 所示。该工程桁架钢筋混凝土叠合板类型选用图集《桁架钢筋混凝土叠合板（60 mm 厚底板）》（15G366—1）中编号为 DBD67-3615-1 的叠合板，其工程概况如下：工程环境类别为一类，剪力墙厚度为 200 mm，混凝土强度等级为 C30，底板钢筋及钢筋桁架的上弦、下弦钢筋采用 HRB400 级，钢筋桁架腹杆钢筋采用 HPB300 级，底板最外层钢筋混凝土保护层厚度为 15 mm，底板混凝土厚度为 60 mm，后浇混凝土叠合层厚度为 70 mm。

王某若要完成该叠合板的生产任务，必须先结合标准图集及工程概况完成该叠合板的识图任务，该叠合板模板图、配筋图等如图 3-5、图 3-10~图 3-13 所示，相关信息见表 3-9 和表 3-10。

图 3-9　单向桁架钢筋混凝土叠合板示意

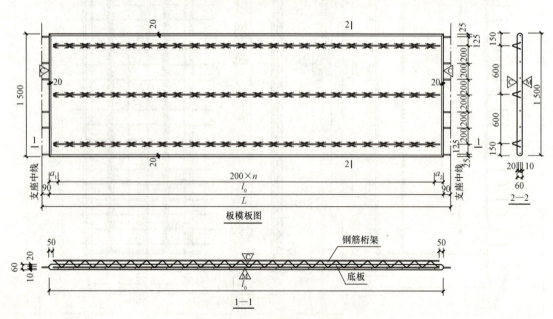

图 3-10　DBD67-3615-1 板模板图

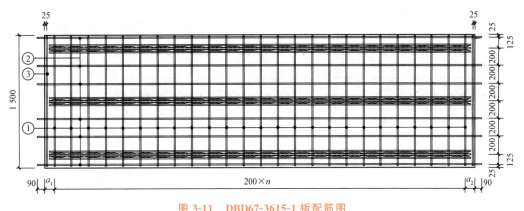

图 3-11 DBD67-3615-1 板配筋图

注：当现浇叠合层厚度为 90 mm 时，②号钢筋仅有 ⌀10 一种规格；②号钢筋位于①号钢筋上层，桁架下弦钢筋与②号钢筋同层。

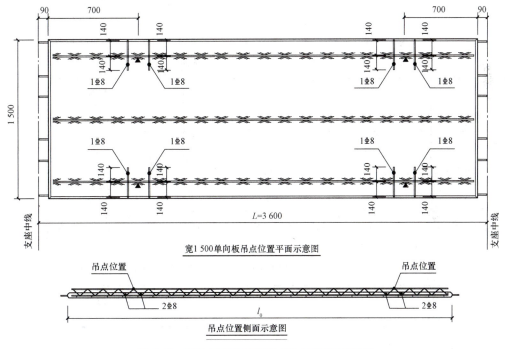

图 3-12 宽 1 500 单向板吊点位置平面示意图

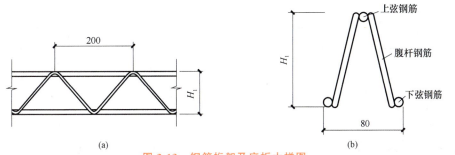

图 3-13 钢筋桁架及底板大样图

(a)钢筋桁架立面图；(b)钢筋桁架剖面图

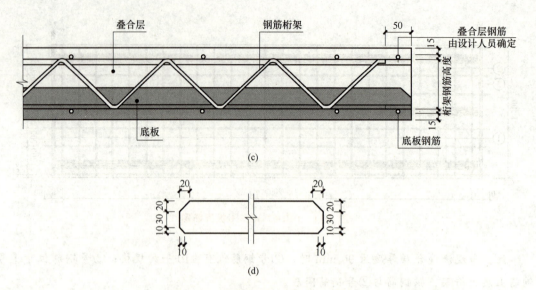

图3-13 钢筋桁架及底板大样图(续)

(c)叠合板剖面图;(d)单向板断面图

表3-9 叠合板 DBD67-3615-1 底板参数

底板编号 (X 代表 1、3)	l_0 /mm	a_1 /mm	a_2 /mm	n	桁架型号		
					编号	长度/mm	质量/kg
DBD67-3615-X	3 420	110	110	16	A80	3 320	5.85
DBD68-3615-X					A90		5.94
DBD69-3615-3					A100		6.04

注:DBD67-3615-1 中各符号的含义:DBD——桁架钢筋混凝土叠合板用底板(单向板);6——预制底板厚度,以 cm 计,即 60 mm;7——后浇叠合层厚度,以 cm 计(7 代表 70 mm,8 代表 80 mm,9 代表 90 mm);36——标志跨度,以 dm 计,即 3 600 mm;15——标志宽度,以 dm 计,即 1 500 mm;1——底板跨度方向钢筋代号。

表3-10 DBD67-3615-1 底板配筋表

底板编号 (X 代表 7、8、9)	①			②			③		
	规格	加工尺寸	根数	规格	加工尺寸	根数	规格	加工尺寸	根数
DBD6X-3615-1	⏀6	1 470	17	⏀8	3 600	6	⏀6	1 470	2
DBD6X-3615-3				⏀10					

3.2.2 相关知识

1. 单向叠合板类型与编号规定

单向叠合板与双向叠合板相比,底板边板与中板构造相同,其编号如图3-14所示,单向叠合板底板钢筋编号见表 3-11，标志宽度和标志跨度见表 3-12。

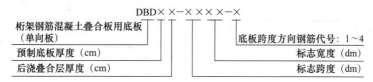

图 3-14　单向叠合板底板编号

表 3-11　单向叠合板底板钢筋代号

代号	1	2	3	4
受力钢筋规格及间距	⊕8@200	⊕8@150	⊕10@200	⊕10@150
分布钢筋规格及间距	⊕6@200	⊕6@200	⊕6@200	⊕6@200

表 3-12　单向叠合板标志宽度及跨度

宽度	标志宽度/mm	1 200	1 500	1 800	2 000	2 400
	实际宽度/mm	1 200	1 500	1 800	2 000	2 400
跨度	标志跨度/mm	2 700	3 000	3 300	3 600	3 900	4 200
	实际跨度/mm	2 520	2 820	3 120	3 420	3 720	4 020

例如：底板编号 DBD67-3620-2，表示为单向受力叠合板用底板，预制底板厚度为 60 mm，后浇叠合层厚度为 70 mm，预制底板的标志跨度为 3 600 mm，预制底板的标志宽度为 2 000 mm，底板跨度方向受力钢筋规格及间距为 ⊕8@150，宽度方向分布钢筋规格及间距为 ⊕6@200。

2. 单向叠合板现浇层标注方法

单向叠合板现浇层标注方法参见实例 3.1 双向叠合板相应内容。

3. 单向叠合板底板标注方法

单向叠合板底板标注方法参见实例 3.1 双向叠合板相应内容。

4. 其他说明

(1) 双向叠合板与单向叠合板断面图如图 3-15 所示，其区别在于：上部两侧倒角尺寸相同，均为宽度 20 mm、高度 20 mm；双向板下部无倒角，单向板下部两侧倒角尺寸为宽度 10 mm、高度 10 mm。

(2) 双向叠合板与单向叠合板拼缝构造大样图如图 3-16 所示，其区别在于：双向板底拼缝为接缝(JF)构造，缝宽度为 300 mm，两侧板预留钢筋搭接长度为 280 mm，接缝处纵向钢筋直径及间距同底板下部钢筋；单向板底拼缝为密拼接缝(MF)构造，接缝处垂直缝长方向设置 ⊕6@200 连接筋，长度为 180 mm，沿缝长方向设置 2⊕6 纵筋，用于固定 ⊕6@200 钢筋。

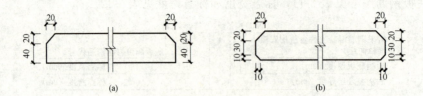

图 3-15 双向叠合板与单向叠合板断面图

(a)双向叠合板断面图；(b)单向叠合板断面图

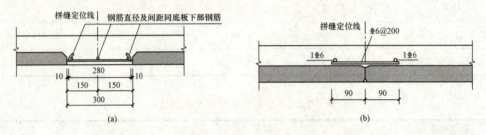

图 3-16 双向叠合板与单向叠合板拼缝构造大样图

(a)双向叠合板拼缝构造大样图；(b)单向叠合板拼缝构造大样图

3.2.3 任务实施

1. 模板图识读

单向板模板图识读

从图 3-10 和表 3-9 中可以读取出 DBD67-3615-1 模板图中的以下内容：

(1)模板长度方向的尺寸：$l_0=3\,420$ mm，$a_1=110$ mm，$a_2=110$ mm，$n=16$，$l_0=a_1+a_2+200n$，总长度 $L=l_0+90\times 2=3\,600$(mm)，两端延伸至支座中线；桁架长度为 $l_0-50\times 2=3\,320$(mm)。

(2)模板宽度方向的尺寸：板实际宽度为 1 500 mm，标志宽度为 1 500 mm，板的四边坡面水平投影宽度均为 20 mm；桁架距离板长边边缘 150 mm，两平行桁架之间的距离为 600 mm，钢筋桁架端部距离板端部 50 mm。

(3)叠合板底板厚度为 60 mm，⟁所指方向代表模板面，⟁所指方向代表粗糙面。

2. 配筋图识读

单向板钢筋图识读

从图 3-11 和表 3-10、表 3-3 中可以读取出 DBD67-3615-1 配筋图中的以下内容：

(1)①号钢筋为直径为 6 mm 的 HRB400 级，两端无弯锚，间距为 200 mm，长度方向两端无外伸，左、右两侧板边第一根钢筋距离板边缘 $a_1=a_2=110$ mm。

(2)②号钢筋为直径为 8 mm 的 HRB400 级，两端无弯钩，板边第一根钢筋与桁架间距为125 mm,中间间距为200 mm,长度方向两端伸出板边缘90 mm。

(3)③号钢筋为直径为6 mm的HRB400级,两端无弯钩,两端与①号钢筋的间距分别为110－25＝95(mm)。

(4)桁架上弦和下弦钢筋为直径为8 mm的HRB400级,腹杆钢筋为直径为6 mm的HPB300级,长度方向桁架边缘距离板边缘50 mm。

3. 吊点位置布置图识读

从图3-12可知,图中所示"▲"表示吊点位置,吊点应设置在距离图中所示位置最近的上弦节点处。该单向板一共有4个吊点,吊点距离构件边缘700 mm,每个吊点两侧各设置两根直径为8 mm的HRB400附加钢筋,长度为280 mm。

4. 节点详图识读

从图3-13及表3-3可知,钢筋桁架高度$H_1=80$ mm,两个下弦之间的水平距离为80 mm;腹杆顶部弯折处水平距离为200 mm,腹杆端部距离板边缘50 mm;底板钢筋和叠合层钢筋的外边缘距离构件边缘15 mm。单向板的断面顶部两端为坡面,坡面的断面尺寸为高度20 mm、宽度20 mm;断面底部两端也为坡面,坡面的断面尺寸为高度10 mm、宽度10 mm。

单向板
详图拓展识读

5. 钢筋表与底板参数表识读

从表3-9和表3-10可知,钢筋表主要表达底板编号、钢筋编号以及各编号钢筋的规格、加工尺寸和根数等内容。底板参数表主要表达底板编号,底板净长度l_0、第一根与最后一根钢筋与板端的距离$a_1(a_2)$、板筋间距数量n、桁架型号(编号、长度、质量)等内容。

3.2.4 知识拓展

某工程单向叠合板DBD69-2718-3底板模板图及配筋图如图3-17所示,由图可以读取出底板宽度方向钢筋无外伸,长度方向钢筋向两侧外伸长度各为90 mm,①号钢筋⌀6在下层,长度为1 770 mm,②号钢筋⌀10在上层,长度为2 700 mm,③号钢筋⌀6在下层的两端,长度为1 770 mm,桁架下弦钢筋与②号钢筋同层,两端与板边的距离各为50 mm。其他构造要求参见单向叠合板底板模板图及配筋图的相应内容。

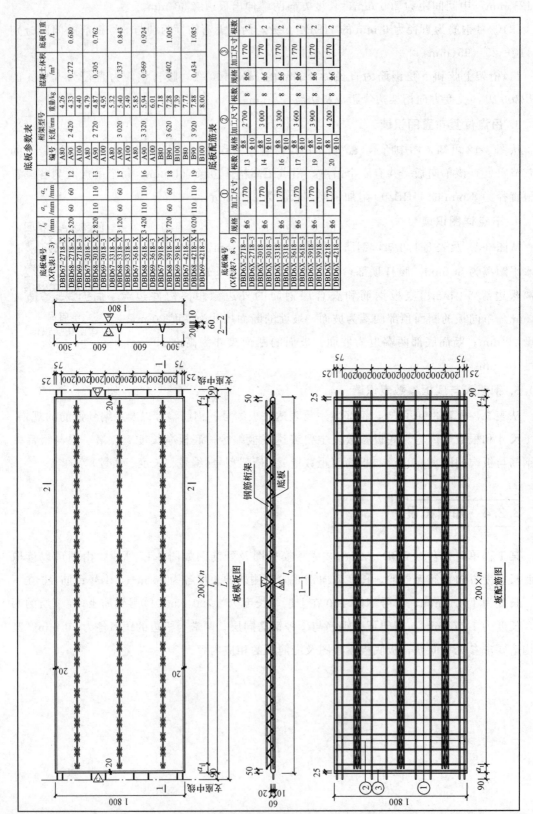

图 3-17 单向叠合板 DBD69-2718-3 底板模板图及配筋图

实例3.3　桁架钢筋混凝土叠合板深化设计

3.3.1　实例分析

某公司设计员王某接到某剪力墙结构工程叠合板深化设计任务，其叠合楼盖平面布置图如图3-18所示。该工程桁架钢筋混凝土叠合板类型及结构连接节点构造可选用图集《桁架钢筋混凝土叠合板(60 mm厚底板)》(15G366—1)和《装配式混凝土结构连接节点构造(楼盖和楼梯)》(15G310—1)中的相应内容。其工程概况如下：桁架钢筋混凝土叠合板按一类环境类别设计，底板最外层钢筋保护层厚度按15 mm设计，混凝土强度等级为C30，底板厚度为60 mm，后浇混凝土叠合层厚度可选70 mm、80 mm、90 mm三种；底板钢筋及钢筋桁架的上弦、下弦钢筋采用HRB400级，钢筋桁架腹杆钢筋采用HPB300级，钢材采用Q235-B级。

王某若要完成该叠合板的深化设计任务，必须先结合标准图集与工程概况掌握叠合板的连接构造等内容，以及深化设计文件应包括的内容。

3.3.2　相关知识

1. 叠合板构造要求

(1)叠合板端部在支座处放置。叠合板端部与其支座构件贴边放置，即在图3-19中，$a=0$，$b=0$。当叠合板端部伸入支座放置时，a不宜大于20 mm，b不宜大于15 mm。

(2)叠合板板底纵向钢筋排布。如图3-20所示，叠合板内最外侧板底纵筋距离板边不大于50 mm，后浇接缝内底部纵筋起始位置距离板边不大于板筋间距的一半。

叠合板
连接构造

(3)预制板与后浇混凝土的结合面。如图3-21所示，当预制板间采用后浇段连接时，预制板板顶及板侧均需设粗糙面。当预制板间采用密拼接缝连接时，仅预制板板顶设粗糙面。当结合面设粗糙面时，粗糙面的面积不宜小于结合面的80%。

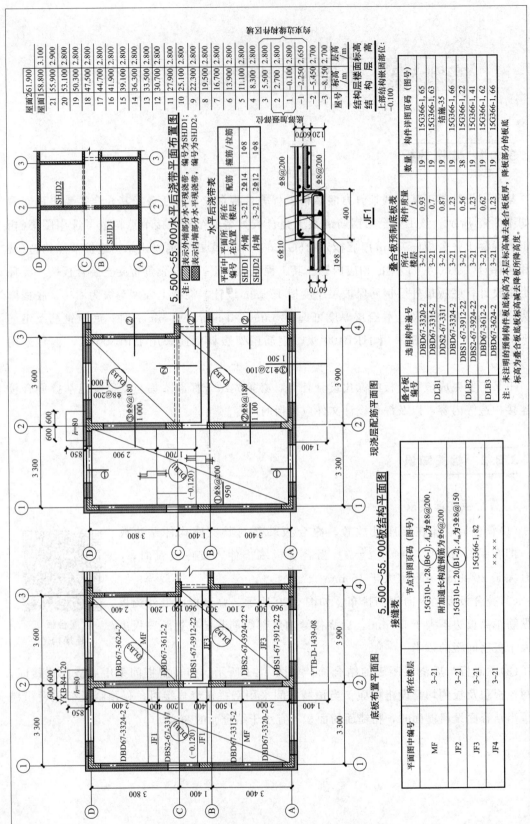

图 3-18 某工程叠合楼盖平面布置图

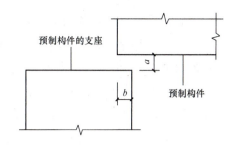

图 3-19 叠合板端部在支座处放置示意

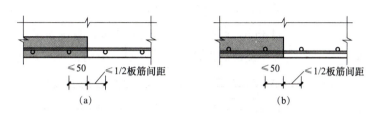

图 3-20 叠合板板底纵向钢筋排布

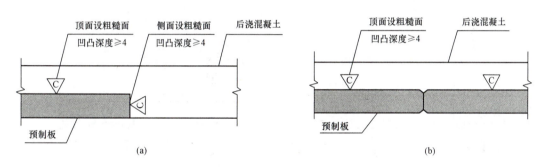

图 3-21 预制板与后浇混凝土的结合面
(a)采用后浇段连接；(b)采用密拼接缝连接

2. 叠合板连接构造

（1）双向叠合板整体式接缝连接构造。双向叠合板整体式接缝连接构造是指两相邻双向叠合板之间的接缝处理形式。标准图集《装配式混凝土结构连接节点构造》(15G310－1)中给出了四种后浇带形式的接缝和一种密拼接缝共 5 种连接构造形式（图 3-22），具体选用形式由设计图纸确定。

双向叠合板
整体式接缝连接构造

后浇带形式的双向叠合板整体式接缝是指两相邻叠合板之间留设一定宽度的后浇带，通过浇筑后浇带混凝土使相邻两叠合板连成整体的连接构造形式。后浇带形式的双向叠合板整体式接缝包括板底纵筋直线搭接、板底纵筋末端带 135°弯钩连接、板底纵筋末端带 90°弯钩搭接和板底纵筋弯折锚固四种接缝形式。

如图 3-22(b)所示，B1-2——板底纵筋末端带 135°弯钩连接构造：两侧板底均预留末端带 135°弯钩的外伸纵筋，以交错搭接的形式进行连接。预留弯钩外伸纵筋搭接长度不小于受拉钢筋锚固长度 l_a（由板底外伸纵筋直径确定），且外伸纵筋末端距离另一侧板边不小于 10 mm，总宽度 $l_h \geqslant 200$。后浇带接缝处设置顺缝板底纵筋，位于外伸板底纵筋以下，与外伸板底纵筋一起构成接缝网片，顺缝板底纵筋具体钢筋规格由设计确定。板面钢筋网片跨接缝贯通布置，一般顺缝方向板面纵筋在上，垂直接缝方向板面纵筋在下。

如图 3-22(e)所示，B1-5——密拼接缝（板底纵筋间接搭接）构造：双向叠合板整体式密拼接缝是指相邻两桁架叠合板紧贴放置，不留空隙的接缝连接形式，适用于桁架钢筋叠合板板筋无外伸（垂直桁架方向），且叠合板现浇层混凝土厚度不小于 80 mm 的情况。密拼接缝处需紧贴叠合板预制混凝土面设置垂直于接缝方向的板底连接纵筋和平行于接缝方向的附加通长构造钢筋。板底连接纵筋在下，附加通长构造钢筋在上，形成密拼接缝网片，附加通长构造钢筋需满足直径 $\geqslant \phi 4$ mm，间距 $\leqslant 300$ mm 的要求。板底连接纵筋与两预制板同方向钢筋搭接长度均不小于纵向受拉钢筋搭接长度 l_l，钢筋级别、直径和间距需设计确定。

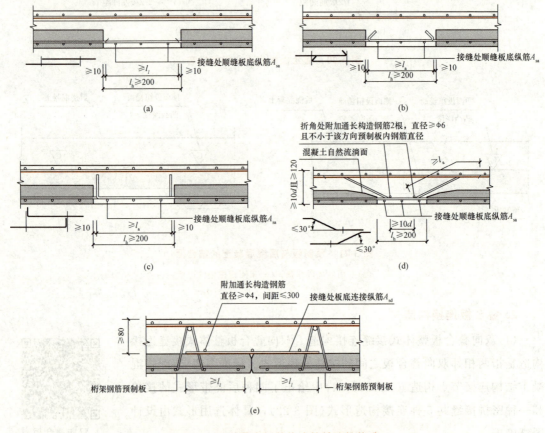

图 3-22 双向叠合板整体式接缝连接构造

(a)B1-1——板底纵筋直线搭接；(b)B1-2——板底纵筋末端带 135°弯钩连接（钢筋弯后直段长度为 5d）；
(c)B1-3——板底纵筋末端带 90°弯钩连接（钢筋弯后直段长度为 12d）；
(d)B1-4——板底纵筋弯折锚固；(e)B1-5——密拼接缝

(2)梁支座板端连接构造。

1)边梁支座板端连接构造可分为预制板留有外伸板底纵筋的边梁支座板端连接构造和预制板无外伸板底纵筋的边梁支座板端连接构造两种构造形式，如图 3-23 所示。

如图 3-23(a)所示，B2-1——预制板留有外伸板底纵筋构造：留有外伸板底纵筋的叠合板与边梁支座贴边放置，叠合板预留外伸板底纵筋伸至梁内不小于 $5d$，且至少到梁中线。板面纵筋在端支座处应伸至梁外侧纵筋（角筋）内侧后弯折，弯折长度为 $15d$。当设计充分利用钢筋强度时，板面纵筋伸至端支座内直段长度不小于 $0.6l_{ab}$。当设计按铰接处理时，板面纵筋伸至端支座内直段长度不小于 $0.35l_{ab}$。当板面纵筋伸至端支座内直段长度不小于受拉钢筋锚固长度 l_a 时，可不弯折。

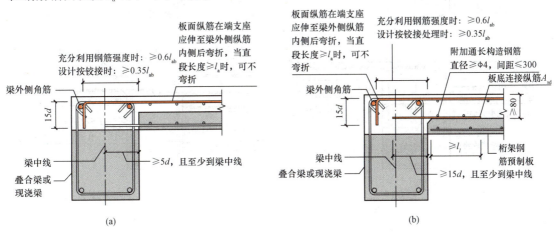

图 3-23 边梁支座板端连接构造

(a)B2-1——预制板留有外伸板底纵筋；(b)B2-2——预制板无外伸板底纵筋

2）中间梁支座板端连接构造有 6 种形式，如图 3-24 所示。

如图 3-24(b)所示，B3-2——预制板无外伸板底纵筋构造：预制板无外伸板底纵筋的中间梁支座板端连接构造适用于叠合板底板为桁架钢筋预制板，且叠合板现浇层混凝土厚度不小于 80 mm 的情况。无外伸板底纵筋的桁架钢筋叠合板与中间梁支座贴边放置，叠合板预制混凝土面处设置垂直于接缝方向的板底连接纵筋和平行于接缝方向的附加通长构造钢筋。板底连接纵筋在下，附加通长构造钢筋在上。板底连接纵筋跨支座贯通布置，与叠合板内同向板底筋的搭接长度需不小于纵向受拉钢筋连接长度 l_l。附加通长构造钢筋仅布置在叠合板现浇区范围内，需满足直径≥φ4，间距≤300 mm 的要求。

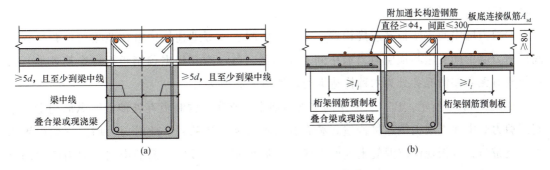

图 3-24 中间梁支座板端连接构造

(a)B3-1——预制板有外伸板底纵筋；(b)B3-2——预制板无外伸板底纵筋

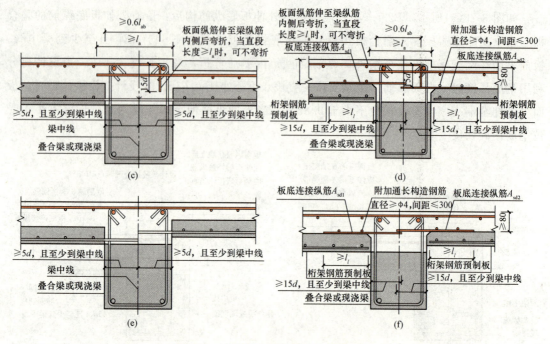

图 3-24 中间梁支座板端连接构造（续）

(c)B3-3——板顶有高差，预制板留有外伸板底纵筋；(d)B3-4——板顶有高差，预制板无外伸板底纵筋；
(e)B3-5——板底有高差，预制板留有外伸板底纵筋；(f)B3-6——板底有高差，预制板无外伸板底纵筋

(3)剪力墙支座板端连接构造。

1)剪力墙边支座板端连接构造。剪力墙边支座板端连接构造按照楼层位置分为中间层剪力墙边支座和顶层剪力墙边支座两类，每一类又根据预制板板底纵筋外伸情况各分为有外伸板底纵筋和无外伸板底纵筋两种构造类型，如图 3-25 所示。

如图 3-25(a)所示，B4-1——中间层剪力墙边支座，预制板有外伸板底纵筋构造：中间层剪力墙边支座板端连接构造，叠合板与剪力墙贴边放置，此时剪力墙上一般设置水平后浇带与叠合板现浇层混凝土同时浇筑。预制板有外伸板底纵筋时，外伸板底纵筋需伸至墙内$\geq 5d$，且至少到墙中线。板面纵筋在端支座伸至墙外侧纵筋内侧后弯折，弯折长度为 $15d$，同时，还需保证板面纵筋伸入墙内直段长度$\geq 0.4l_{ab}$。当板面纵筋伸入支座墙内直段长度$\geq l_a$ 时，可不弯折。

2)剪力墙中间支座板端连接构造。剪力墙中间支座板端连接构造按照楼层位置分为中间层剪力墙中间支座和顶层剪力墙中间支座两类，每一类又根据预制板板底纵筋外伸、板顶板底有无高差情况各分为六种构造类型，如图 3-26 所示。

如图 3-26(a)所示，B5-1——中间层剪力墙中间支座，预制板有外伸板底纵筋构造：中间层剪力墙中间支座板端连接构造，叠合板与剪力墙贴边放置，此时剪力墙上一般设置水平后浇带与叠合板现浇层混凝土同时浇筑。预制板有外伸板底纵筋的中间层剪力墙中间支座板端连接构造，外伸板底纵筋需伸至墙内$\geq 5d$，且至少到墙中线。板面纵筋跨支座贯通布置。

如图 3-26(h)所示，B5-8——顶层剪力墙中间支座，预制板无外伸板底纵筋构造：预制板无外伸板底纵筋的顶层剪力墙中间支座板端连接构造，适用于叠合板底板为桁架钢筋预制板，且叠合板现浇层混凝土厚度≥80 mm 的情况。叠合板预制混凝土面处设置垂直于接缝方向的板底连接纵筋和平行于接缝方向的附加通长构造钢筋，板底连接纵筋在下，附加通长构造钢筋在上。板底连接纵筋跨支座贯通布置，与叠合板内同向板底筋的搭接长度需≥l_l。附加通长构造钢筋仅布置在叠合板现浇区范围内，需满足直径≥φ4 mm，间距≤300 mm 的要求。板面纵筋跨支座贯通布置，与圈梁箍筋位于同一构造层次上。

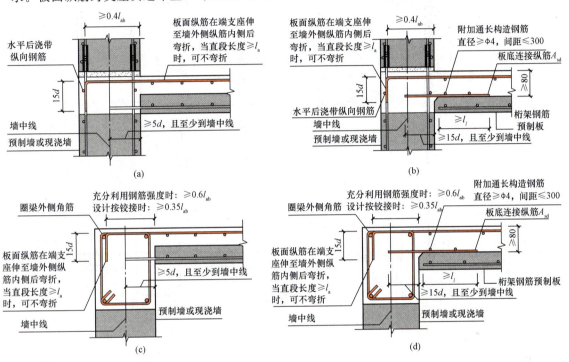

图 3-25　剪力墙边支座板端连接构造

(a)B4-1——中间层剪力墙边支座，预制板有外伸板底纵筋；
(b)B4-2——中间层剪力墙边支座，预制板无外伸板底纵筋；
(c)B4-3——顶层剪力墙边支座，预制板有外伸板底纵筋；(d)B4-4——顶层剪力墙边支座，预制板无外伸板底纵筋

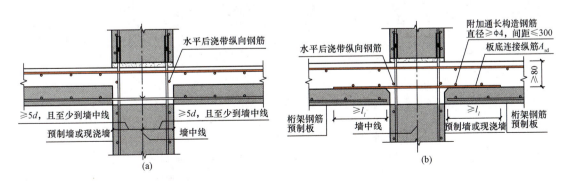

图 3-26　剪力墙中间支座板端连接构造

(a)B5-1——中间层剪力墙中间支座，预制板有外伸板底纵筋；
(b)B5-2——中间层剪力墙中间支座，预制板无外伸板底纵筋

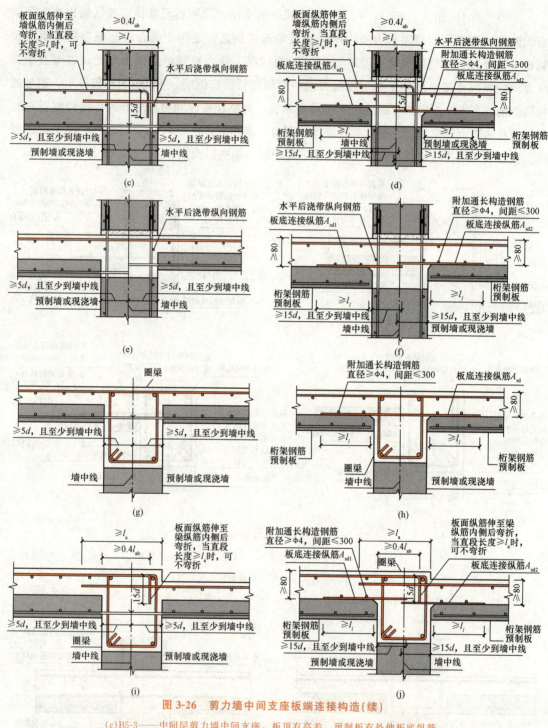

图 3-26 剪力墙中间支座板端连接构造(续)

(c) B5-3——中间层剪力墙中间支座，板顶有高差，预制板有外伸板底纵筋；
(d) B5-4——中间层剪力墙中间支座，板顶有高差，预制板无外伸板底纵筋；
(e) B5-5——中间层剪力墙中间支座，板底有高差，预制板有外伸板底纵筋；
(f) B5-6——中间层剪力墙中间支座，板底有高差，预制板无外伸板底纵筋；
(g) B5-7——顶层剪力墙中间支座，预制板有外伸板底纵筋；
(h) B5-8——顶层剪力墙中间支座，预制板无外伸板底纵筋；
(i) B5-9——顶层剪力墙中间支座，板顶有高差，预制板有外伸板底纵筋；
(j) B5-10——顶层剪力墙中间支座，板顶有高差，预制板无外伸板底纵筋

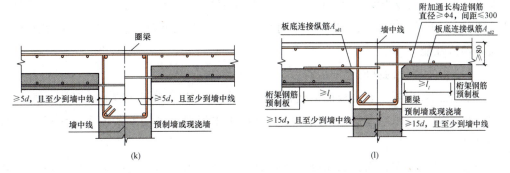

图 3-26 剪力墙中间支座板端连接构造（续）

(k)B5-11——顶层剪力墙中间支座，板底有高差，预制板有外伸板底纵筋；
(l)B5-12——顶层剪力墙中间支座，板底有高差，预制板无外伸板底纵筋

3.3.3 任务实施

1. 预制桁架叠合板的深化设计

(1)预制桁架叠合板制作前应进行深化设计，深化设计文件应根据施工图设计文件及选用的标准图集、生产制作工艺、运输条件和安装施工要求等进行编制。

(2)预制桁架叠合板详图中的各类预留孔洞、预埋件和机电预留管线需与相关专业图纸仔细核对无误后方可下料制作。

(3)深化设计文件应经设计单位书面确认后方可作为生产依据。

(4)深化设计文件应包括(但不限于)以下内容：

1)预制桁架叠合板底板平面布置图。

2)预制桁架叠合板模板图、配筋图、底板参数表和底板配筋表。

3)吊点位置平面布置图、钢筋桁架及底板大样图。

4)底板拼缝构造图及节点构造详图。

5)计算书。根据《混凝土结构工程施工规范》(GB 50666—2011)的有关规定，应根据设计要求和施工方案对脱模、吊运、运输、安装等环节进行施工验算，如预制桁架叠合板、预埋件、吊具等的承载力、变形和裂缝等。

2. 预制桁架叠合板设计

(1)预制混凝土与后浇混凝土之间的结合面应设置粗糙面。粗糙面的凹凸深度≥4 mm，以保证叠合面具有较强的黏结力，使两部分混凝土共同有效地工作。预制板厚度由于脱模、吊装、运输、施工等因素，最小厚度不宜小于 60 mm。后浇混凝土层最小厚度不应小于 60 mm，主要考虑楼板的整体性以及管线预埋、面筋铺设、施工误差等因素。当板跨度大于 3 m 时，宜采用桁架钢筋混凝土叠合板，可增加预制板的整体刚度

预制桁架
叠合板设计

和水平抗剪性能；当板跨度大于 6 m 时，宜采用预应力混凝土预制板，以节省工程造价；板厚大于 180 mm 的叠合板，其预制部分采用空心板，空心部分板端空腔应封堵，以减小楼板自重，提高经济性能。

(2) 叠合板支座处的纵向钢筋应符合下列规定：

1) 当桁架钢筋混凝土叠合板的后浇混凝土叠合层厚度不小于 100 mm 且不小于预制板厚度的 1.5 倍时，支承端预制板内纵向受力钢筋可采用间接搭接方式锚入支承梁或墙的后浇混凝土中。

2) 端支座处，预制板内的纵向受力钢筋宜从板端伸出并锚入支撑梁或墙的后浇混凝土中，锚固长度 $\geqslant 15d$（d 为纵向受力钢筋直径），且宜伸过支座中心线，参见图 3-22～图 3-26 相关内容。

3) 单向叠合板的板侧支座处，当板底分布钢筋不伸入支座时，宜在紧邻预制板顶面的后浇混凝土叠合层中设置附加钢筋，附加钢筋截面面积不宜小于预制板内的同向分布钢筋面积，间距不宜大于 600 mm，在板的后浇混凝土叠合层内锚固长度 $\geqslant 15d$，在支座内锚固长度 $\geqslant 15d$（d 为附加钢筋直径）且宜伸过支座中心线。

4) 双向叠合板板侧的整体式接缝处由于有应变集中情况，宜将接缝设置在叠合板的次要受力方向上且宜避开最大弯矩截面。接缝可采用后浇带形式，并应符合下列规定：

① 后浇带宽度不宜小于 200 mm。

② 后浇带两侧板底纵向受力钢筋可在后浇带中焊接、搭接连接、弯折锚固、机械连接。

③ 当后浇带两侧板底纵向受力钢筋在后浇带中搭接连接时，应符合下列规定：预制板板底外伸钢筋为直线形时，钢筋的搭接长度 $\geqslant l_l$；预制板板底外伸钢筋端部为 90°或 135°弯钩时，钢筋的搭接长度 $\geqslant l_a$，90°和 135°弯钩钢筋弯后直段长度分别为 $12d$ 和 $5d$（d 为钢筋直径），如图 3-22(a)～(c)所示。

④ 当后浇带两侧板底纵向受力钢筋在后浇带中弯折锚固时，应符合下列规定：叠合板厚度 $\geqslant 10d$，且 $\geqslant 120$ mm（d 为弯折钢筋直径的较大值）；垂直于接缝的板底纵向受力钢筋配置量宜按计算结果增大 15% 配置；接缝处预制板侧伸出的纵向受力钢筋应在后浇混凝土叠合层内锚固，且锚固长度 $\geqslant l_a$；两侧钢筋在接缝处重叠的长度 $\geqslant 10d$，钢筋弯折角度 $\leqslant 30°$，弯折处沿接缝方向应配置 2 根通长构造钢筋，直径 $\geqslant \phi 6$ mm，且直径不应小于该方向预制板内钢筋直径，如图 3-22(d)所示。

3. 深化设计选用 15G366－1 标准图集设计方法

(1) 工程概况。某北方装配式混凝土剪力墙结构住宅，剪力墙厚度为 200 mm，标准层建筑平面由 A 户型和 B 户型组成，建筑平面图如图 3-27 所示。楼板采用桁架钢筋混凝土叠合板，楼面附加面层永久荷载标准值为 2.5 kN/m^2，卧室、客厅、餐厅楼面均布活荷载标准值为 2.0 kN/m^2，混凝土强度等级采用 C30，钢筋采用 HRB400 级。

(2) 设计选用（按单向板设计）。客厅、餐厅、厨房、卧室采用桁架钢筋混凝土叠合板，预制阳台设计另详，其余部分采用现浇板。叠合板的厚度取 130 mm，底板厚度为 60 mm，后浇叠合层为 70 mm。

(3)计算条件。单向板导荷方式按对边传导。叠合板的支座条件如图 3-28 所示,图中" ┬┬┬┬ "为固定边界,"——"为自由边界,叠合板的保护层厚度为 15 mm,分布钢筋直径为 6 mm,则其截面有效高度 $h_0 = 109$ mm。

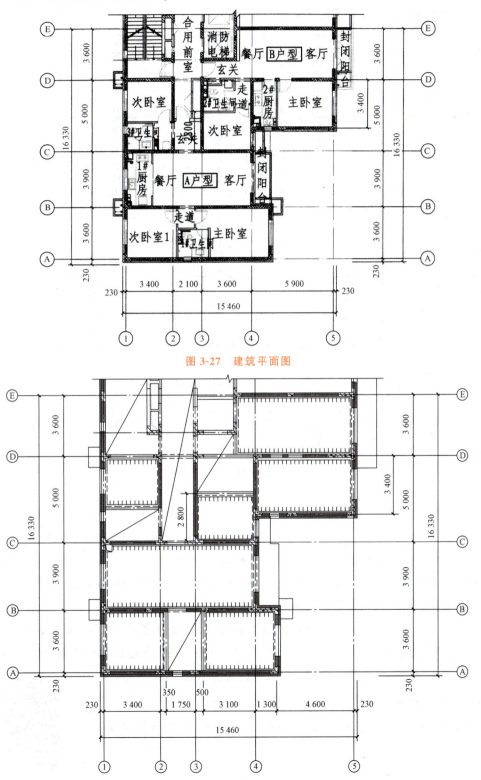

图 3-27 建筑平面图

图 3-28 支座条件

(4)计算配筋。经结构计算分析,得出叠合板底的配筋面积,根据表3-11单向叠合板用底板所用的钢筋规格及间距调整各叠合板配筋,叠合楼板底受力钢筋配置如图3-29所示,括号内为实际配筋,此配筋满足承载能力极限状态及正常使用极限状态的要求。叠合板支座负弯矩钢筋由设计人员另行绘制。

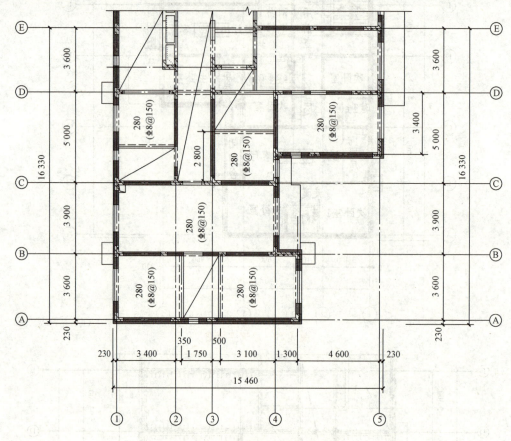

图 3-29　叠合板底受力配筋简图

(5)选用方法。

1)按表3-12叠合板用底板的标志宽度对楼板进行划分,以叠合板用底板板边为划分线,可通过调节边板预留的现浇板带宽度δ选用标准板型。

2)根据单向叠合板用底板编号原则,由底板厚度、后浇叠合层厚度、板的跨度、计算所得的底板配筋等参数选用叠合板用底板,底板布置图如图3-30所示。

3)以 9 100 mm×3 900 mm 区格内的单向板为例,垂直于板缝方向轴线跨度为 8 900 mm,从左至右,依次布置(2×2 400)mm、(2×2 000)mm 标志宽度的单向叠合板用底板,剩余 100 mm 板缝作为后浇带,单向板拼缝的位置关系如图3-31所示。

4. 深化设计软件设计方法

登录装配式建筑深化设计软件完成桁架钢筋混凝土叠合板的深化设计。

软件设计方法

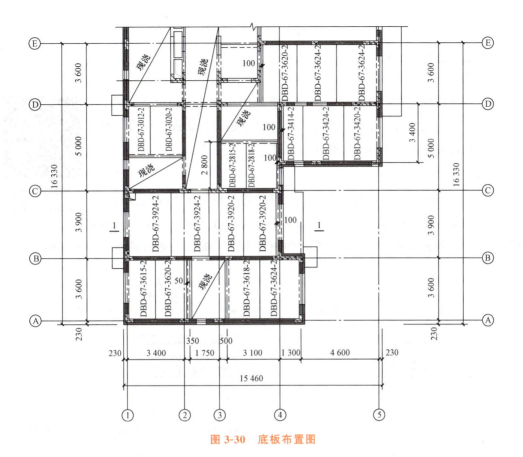

图 3-30 底板布置图

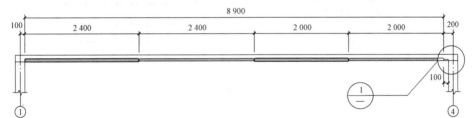

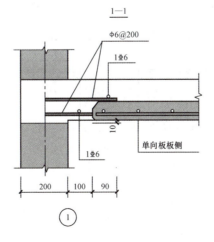

图 3-31 1—1 剖面图及节点详图

3.3.4 知识拓展

叠合板连接构造除需要掌握双向叠合板整体式接缝连接构造、梁支座板端连接构造及剪力墙支座板端连接构造外，还需要掌握单向叠合板板侧连接构造和悬挑叠合（预制）板连接构造。

单向叠合板板侧连接构造

1. 单向叠合板板侧连接构造

单向叠合板板侧连接构造分为板侧接缝构造、板侧边支座连接构造和板侧中间支座连接构造三类。板侧边支座连接构造又可分为预制板有外伸板底纵筋的板侧边支座连接构造和预制板无外伸板底纵筋的板侧边支座连接构造两种构造形式，如图 3-32 所示。

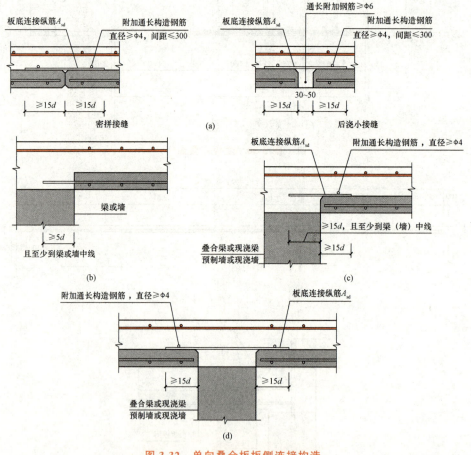

图 3-32 单向叠合板板侧连接构造

(a) B6-1——单向叠合板板侧密拼接缝构造；
(b) B6-2——单向叠合板板侧边支座连接构造，预制板有外伸板底纵筋；
(c) B6-3——单向叠合板板侧边支座连接构造，预制板无外伸板底纵筋；
(d) B6-4——单向叠合板板侧中间支座连接构造，预制板无外伸板底纵筋

如图 3-32(a)所示，B6-1——单向叠合板板侧密拼接缝构造：单向叠合板板侧密拼接缝构造是指相邻两单向叠合板紧贴放置，不留空隙的接缝连接形式。单向叠合板板侧密拼接缝处需紧贴叠合板预制混凝土面设置垂直于接缝方向的板底连接纵筋和平行于接缝方向的附加通长构造钢筋，板底连接纵筋在下，附加通长构造钢筋在上，形成密拼接缝网片。其中，板底连接纵筋需满足与两预制板同方向钢筋搭接长度均$\geqslant 15d$的要求，钢筋级别和直径需设计确定。附加通长构造钢筋需满足直径$\geqslant \phi 4$ mm，间距$\leqslant 300$ mm的要求。

单向叠合板板侧后浇小接缝构造是指相邻两单向叠合板之间不紧贴放置，留30～50 mm空隙的接缝连接形式。后浇小接缝内设置一根直径不小于6 mm的顺缝方向通长附加钢筋，且该通长附加钢筋要与叠合板底受力筋位于同一层面上。另外，单向叠合板板侧后浇小接缝构造也需要紧贴预制混凝土面设置板底连接纵筋和附加通长构造钢筋，其构造要求和B6-1——单向叠合板板侧密拼接缝构造相同。

2. 叠合(预制)悬挑板连接构造

(1)叠合悬挑板连接构造。叠合悬挑板连接构造包括纯悬挑式的叠合悬挑板与支座梁或墙的连接构造、外伸悬挑式叠合悬挑板与支座梁或墙的连接构造、有板顶高差的外伸悬挑式叠合悬挑板与支座梁或墙的连接构造三种类型，如图 3-33 所示。

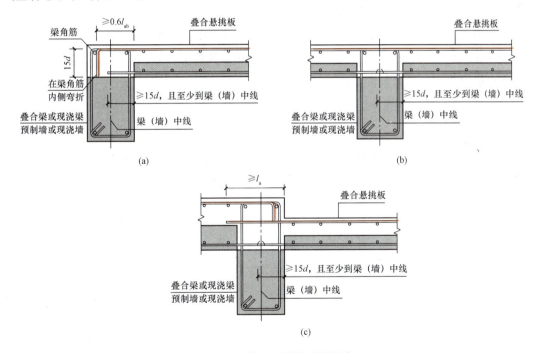

图 3-33 叠合悬挑板连接构造

(a)B7-1——叠合悬挑板连接构造(一)；(b)B7-2——叠合悬挑板连接构造(二)；
(c)B7-3——叠合悬挑板连接构造(三)

图 3-33(a)所示为纯悬挑式的叠合悬挑板与支座梁或墙的连接构造，叠合悬挑板外伸板底纵筋伸至支座梁或墙内$\geqslant 15d$，且至少到支座梁或墙中线。叠合悬挑板板面纵筋伸至圈梁角筋

内侧后弯折，弯折长度为 $15d$；同时，还需保证板面纵筋伸入支座墙内直段长度 $\geq 0.6l_{ab}$。

(2) 预制悬挑板连接构造。预制悬挑板连接构造按板顶标高不同分为以下两种类型，如图 3-34 所示。

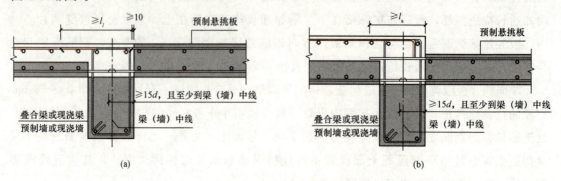

图 3-34　预制悬挑板连接构造

(a) B7-4——预制悬挑板连接构造（一）；(b) B7-5——预制悬挑板连接构造（二）

1) 如图 3-34(a) 所示，预制悬挑板与支座连接时，预制悬挑板需预留外伸纵筋。预制悬挑板底部纵筋需外伸 $\geq 15d$，且至少到支座梁或墙中线。预制悬挑板上部纵筋与支座梁或墙及楼层叠合板叠合层内同向钢筋搭接，搭接长度 $\geq l_l$。

2) 如图 3-34(b) 所示，板顶低于楼层标高的预制悬挑板与支座连接时，预制悬挑板底部纵筋需外伸 $\geq 15d$，且至少到支座梁或墙中线。预制悬挑板上部纵筋在支座梁或墙及楼层叠合板叠合层内锚固，锚固长度 $\geq l_a$。

学习启示

党的二十大报告指出，青年强，则国家强。广大青年要坚定不移听党话、跟党走，怀抱梦想又脚踏实地，敢想敢为又善作善成，立志做有理想、敢担当、能吃苦、肯奋斗的新时代好青年，让青春在全面建设社会主义现代化国家的火热实践中绽放绚丽之花。港珠澳大桥作为世界上最长的跨海大桥，粤港澳三地合作共建的超大型基础设施项目，是技术人员经过刻苦钻研，克服了沉管隧道几乎空白的重重困难才建造成功的。通过这个案例，促使学生克服学业困难，激发自主学习动力和毅力，培养团队协作、勇于担当和勇于创新的精神。

小　结

通过本部分的学习，要求学生掌握桁架钢筋混凝土叠合板的类型和编号规定、叠合板现浇层标注方法、叠合板底板标注方法及叠合板底板接缝相关规定；能够熟练阅读桁架钢筋混凝土叠合板模板图、配筋图、底板参数表、底板配筋表及吊点位置布置图；能够掌握深化设计文件所包括的内容。

习　题

一、简答题

1. 简述 DBS2-67-3620-31 和 DBD67-3615-1 中各符号的含义。
2. 预制底板平面布置图和预制底板表中需要标注哪些内容？
3. 叠合楼盖预制底板接缝需要在平面上标注哪些内容？
4. 双向叠合板与单向叠合板拼缝构造有什么区别？
5. 双向叠合板整体式接缝连接构造有哪几种？用图如何表示？
6. 梁支座板端连接构造有哪几种？用图如何表示？
7. 中间梁支座板端连接构造有哪几种？用图如何表示？
8. 剪力墙支座板端连接构造有哪几种？用图如何表示？

二、识图题

1. 某工程双向叠合板 DBS1-67-3315-31 底板边板模板图及配筋图如图 3-8 所示，参照前述"任务实施"部分的识图要求，试识读该桁架钢筋混凝土叠合板的模板图、配筋图、底板参数表及底板配筋表。

2. 某工程叠合楼盖平面布置图如图 3-18 所示，试识读该叠合楼盖底板平面布置图、现浇层平面配筋图、后浇带平面布置图，以及叠合板预制底板表、接缝表。

任务 4　预制钢筋混凝土板式楼梯识图与深化设计

> **学习目标**
>
> **知识目标**：掌握预制钢筋混凝土双跑楼梯、剪刀楼梯的类型和编号规定；掌握预制钢筋混凝土双跑楼梯、剪刀楼梯平面布置图和剖面图的标注内容及相关规定。
>
> **能力目标**：能够正确识读预制钢筋混凝土双跑楼梯和剪刀楼梯的模板图、配筋图、钢筋明细表及构造节点详图；能够进行预制钢筋混凝土板式楼梯的深化设计。
>
> **素质目标**：养成精细识读、精细设计板式楼梯施工图的良好作风；精研细磨板式楼梯构造，培养学生一丝不苟的工匠精神和劳动风尚，凸显"精细意识""责任意识"。

实例 4.1　预制钢筋混凝土双跑楼梯识图

4.1.1　实例分析

某公司技术员王某接到某工程预制钢筋混凝土楼梯的生产任务，其中一块预制双跑楼梯选自标准图集《预制钢筋混凝土板式楼梯》(15G367-1)，编号为 ST-28-24，其示意如图 4-1 所示。其工程概况如下：工程环境类别为一类，梯段板厚为 120 mm，混凝土强度等级为 C30，钢筋采用 HRB400 级，钢筋混凝土保护层厚度为 20 mm，楼梯入户处建筑面层厚度为 50 mm，楼梯平台板处建筑面层厚度为 30 mm。

课程思政　　课程网络资源

图 4-1　楼梯构件示意

王某若要完成该楼梯的生产任务，必须先结合标准图集及工程概况完成该楼梯的识图任务。该楼梯的模板图、配筋图如图 4-2 和图 4-3 所示。

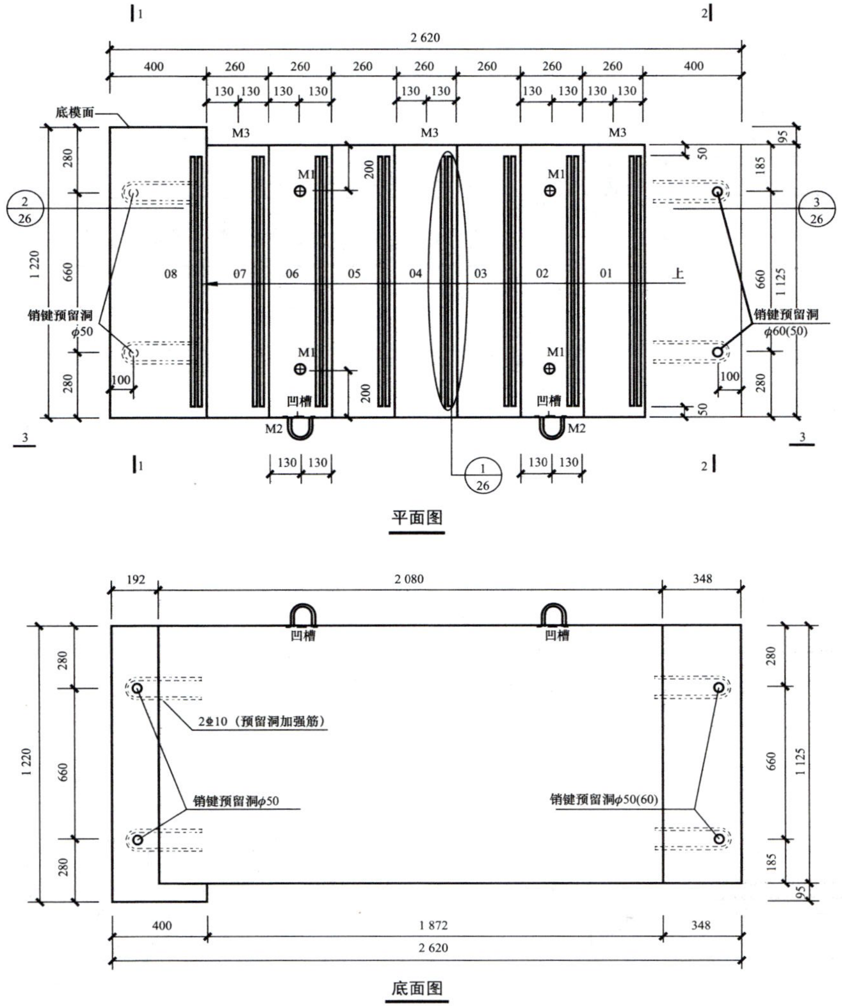

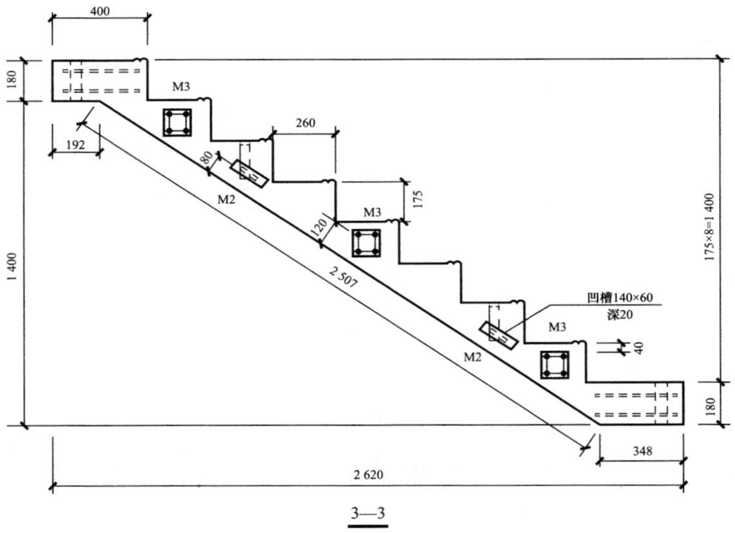

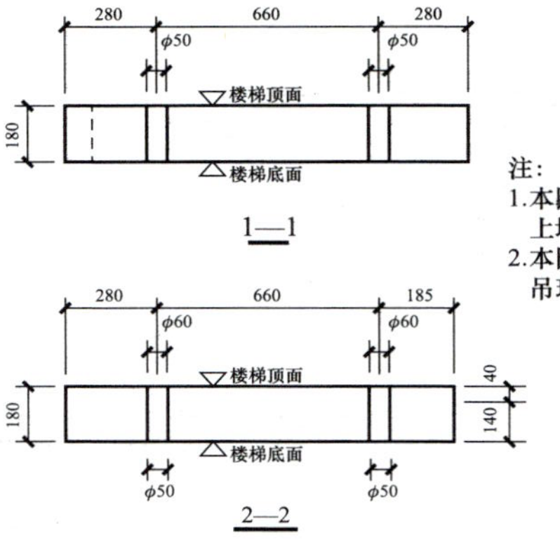

注：
1.本图用于表示梯段板具体尺寸、楼板上埋件具体定位和预留洞尺寸定位。
2.本图中构件脱模用预埋件M2采用的是吊环，也可选用内埋式螺母等其他形式。

图 4-2　ST-28-24 模板图

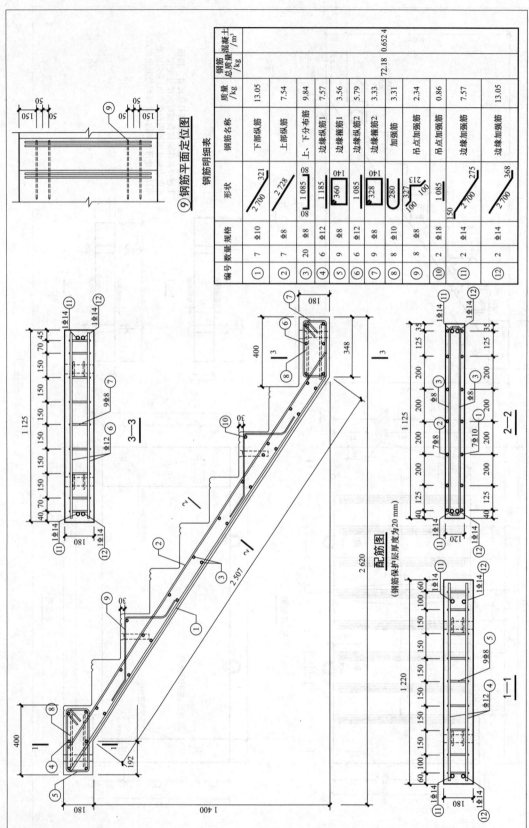

图 4-3 ST-28-24 配筋图

4.1.2 相关知识

1. 双跑楼梯编号规定

预制双跑楼梯编号如图 4-4 所示。例如，ST-28-25 表示预制混凝土板式双跑楼梯，建筑层高为 2 800 mm，楼梯间净宽为 2 500 mm。预制混凝土板式楼梯图例见表 4-1。

图 4-4 预制双跑楼梯编号

表 4-1 预制混凝土板式楼梯图例

图例	含义
◐	栏杆预留洞口
⊕	梯段板吊装预埋件
▭	梯段板吊装预埋件
╫╫╫╫╫	栏杆预留埋件

2. 双跑楼梯平面布置图与剖面图标注内容

(1)平面布置图标注内容。预制楼梯平面布置图标注内容包括楼梯间的平面尺寸、楼层结构标高、楼梯的上下方向、预制梯板的平面几何尺寸、梯板类型及编号、定位尺寸和连接作法索引号等。

在图 4-5 所示的预制双跑楼梯平面布置图中，选用了编号为 ST-28-24 的预制混凝土板式双跑楼梯，建筑层高为 2 800 mm，楼梯间净宽为 2 400 mm，梯段水平投影长度为 2 620 mm，梯段宽度为 1 125 mm。中间休息平台标高为 1.400 m，宽度为 1 000 mm，楼层平台宽度为 1 280 mm。

(2)剖面图标注内容。预制楼梯剖面图标注内容包括预制楼梯编号、梯梁梯柱编号、预制梯板水平及竖向尺寸、楼层结构标高、层间结构标高、建筑楼面做法厚度等。

在图 4-6 所示的预制楼梯剖面图中，预制楼梯编号为 ST-28-24，梯梁编号为 TL1，梯段高为 1 400 mm，中间休息平台标高为 1.400 m，楼层平台标高为 2.800 m，入户处楼梯建筑面层厚度为 50 mm，中间休息平台建筑面层厚度为 30 mm。

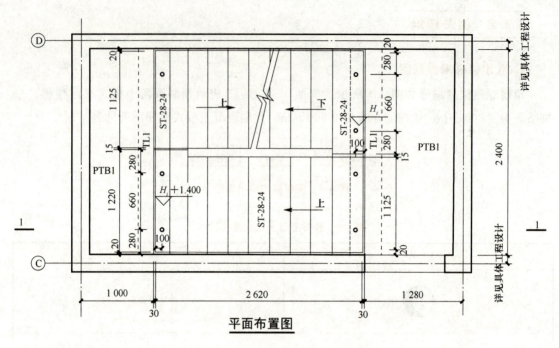

图 4-5 预制双跑楼梯平面布置图

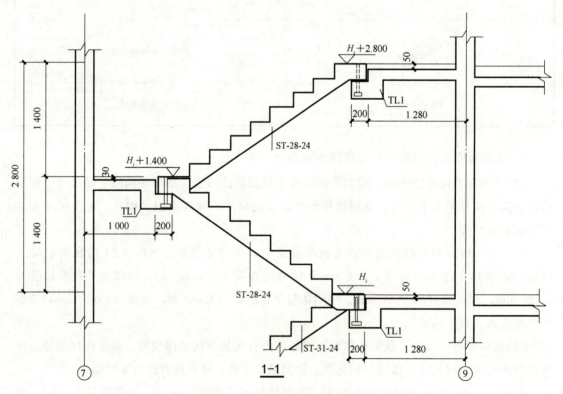

图 4-6 预制楼梯剖面图

3. 其他说明

(1)预制楼梯表的主要内容包括：构件编号、所在楼层、构件质量、构件数量、构件详图页码(选用标准图集的楼梯注写具体图集号和相应页码；自行设计的构件需注写施工图图号)、连接索引(标准构件应注写具体图集号、页码和节点号；自行设计时需注写施工图页码)，备注中可标明该预制构件是"标准构件"或"自行设计"，见表4-2。

表4-2 预制楼梯表

构件编号	所在楼层	构件质量/t	构件数量	构件详图页码（图号）	连接索引	备注
ST-28-24	3～20	1.61	72	15G367-1，8～10	—	标准构件
ST-31-24	1～2	1.8	8	结施-24	15G367-1，27，①②	自行设计本图略

(2)预制隔墙板编号由预制隔墙板代号、序号组成。表达形式见表4-3。如GQ3，表示预制隔墙，序号为3。

表4-3 预制隔墙板编号

预制墙板类型	代号	序号
预制隔墙板	GQ	××

4.1.3 任务实施

1. 模板图识读

如图4-2和图4-5所示，可以读取出楼梯ST-28-24模板图的相关信息。

双跑楼梯
模板图识读

(1)楼梯间净宽为2 400 mm，其中梯井宽为110 mm，梯段板宽为1 125 mm，梯段板与楼梯间外墙间距为20 mm，梯段板水平投影长为2 620 mm，梯段板厚度为120 mm。

(2)梯段板设置一个与低处楼梯平台连接的底部平台、7个梯段中间的正常踏步(图纸中编号为01～07)和一个与高处楼梯平台连接的踏步平台(图纸中编号为08)。

(3)梯段底部平台面宽为400 mm(因梯段有倾斜角度，平台底宽为348 mm)，长度与梯段宽度相同，厚度为180 mm。顶面与低处楼梯平台顶面建筑面层平齐，搁置在平台挑梁上，与平台顶面间留30 mm空隙。平台上设置2个销键预留洞，预留洞中心与梯段板底部平台侧边的距离分别为100 mm(靠楼梯平台一侧)和280 mm(靠楼梯间外墙一侧)，对称设置。预留洞下部140 mm孔径为50 mm，上部40 mm孔径为60 mm。

(4)梯段中间的01～07号踏步自下而上排列，踏步高为175 mm，踏步宽为260 mm，踏步面长度与梯段宽度相同。踏步面上均设置防滑槽。第01、04和07号踏步台阶靠近梯井一侧的侧面各设置1个拉杆预留埋件M3,在踏步宽度上居中设置。第02和06号踏步台阶靠近楼梯间外墙一侧的侧面各设置1个梯段板吊装预埋件M2,在踏步宽度上居中设置。第02和06号踏步面上各设置2个梯段板吊装预埋件M1,在踏步宽度上居中,距离踏步两侧边(靠楼梯间外墙一侧和靠梯井一侧)200 mm处对称设置。

(5)与高处楼梯平台连接的08号踏步平台面宽400 mm(因梯段有倾斜角度,平台底宽为192 mm),长为1 220 mm(靠楼梯间外墙一侧与其他踏步平齐,靠梯井一侧比其他踏步长95 mm),厚为180 mm。顶面与高处楼梯平台顶面建筑面层平齐,搁置在平台挑梁上,与平台顶面间留30 mm空隙。平台上设置2个销键预留洞,孔径为50 mm,预留洞中心与踏步侧边的距离分别为100 mm(靠楼梯平台一侧)和280 mm(靠楼梯间外墙一侧),对称设置。该踏步平台与上一梯段板底部平台搁置在同一楼梯平台挑梁上,之间留15 mm空隙。

2. 配筋图识读

如图4-3所示,可以读取出楼梯ST-28-24配筋图的相关信息。

双跑楼梯配筋图识读

(1)下部①号纵筋:7根,布置在梯段板底部。沿梯段板方向倾斜布置,在梯段板底部平台处弯折成水平向,间距为200 mm,梯段板宽度方向最外侧的两根下部纵筋间距调整为125 mm,与板边的距离分别为40 mm和35 mm。

(2)上部②号纵筋:7根,布置在梯段板顶部。沿梯段板方向倾斜布置,在梯段板底部平台处不弯折,直伸至水平向下部纵筋处。在梯段板宽度方向与下部纵筋对称布置。

(3)上、下③号分布筋:20根,分别布置在下部纵筋和上部纵筋内侧,与下部纵筋和上部纵筋分别形成网片。仅在梯段倾斜区均匀布置,底部平台和顶部踏步平台处不布置。单根分布筋两端90°弯折,弯钩长度为80 mm,对应的上、下分布筋通过弯钩搭接成封闭状(位于纵筋内侧,不能称为箍筋)。

(4)边缘④⑥号纵筋:12根,分别布置在底部平台和顶部踏步平台处,沿平台长度方向(即梯段宽度方向)。每个平台布置6根,平台上、下部各为3根,采用类似梁纵筋形式布置。因顶部踏步平台长度较梯段板宽度稍大,其边缘纵筋长度大于底部平台边缘纵筋长度。底部平台边缘纵筋布置在梯段板下部纵筋水平段之上。

(5)边缘⑤⑦号箍筋:18根,分别布置在底部平台和顶部踏步平台处,箍住各自的边缘纵筋。间距为150 mm,底部平台最外侧两道箍筋间距调整为70 mm,顶部踏步平台最外侧两道箍筋间距调整为100 mm。

(6)边缘⑪⑫号加强筋:4根,布置在上、下分布筋的弯钩内侧,与梯段板下部纵筋和上部纵筋同向。在梯段板底部平台处均弯折成水平向,与梯段板下部纵筋水平段同层。上部边缘加强筋在顶部踏步平台处弯折成水平向。

(7)销键预留洞⑧号加强筋:8根,每个销键预留洞处上、下各1根,布置在梯段板上、下分布筋内侧,水平布置。

(8)吊点⑨号加强筋:8根,每个吊点预埋件M1左、右各布置1根。定位见钢筋平面位置定位图。

（9）吊点⑩号加强筋：2根。

3. 安装图识读

如图4-7所示，楼梯间净宽为2 400 mm，梯井宽为110 mm，梯段板宽为1 125 mm，平台面之间的缝隙宽15 mm，梯段板与楼梯间外墙间距为20 mm。梯段板水平投影长为2 620 mm，两端与TL之间的缝隙宽为30 mm。其他识读内容参见模板图识读部分内容。

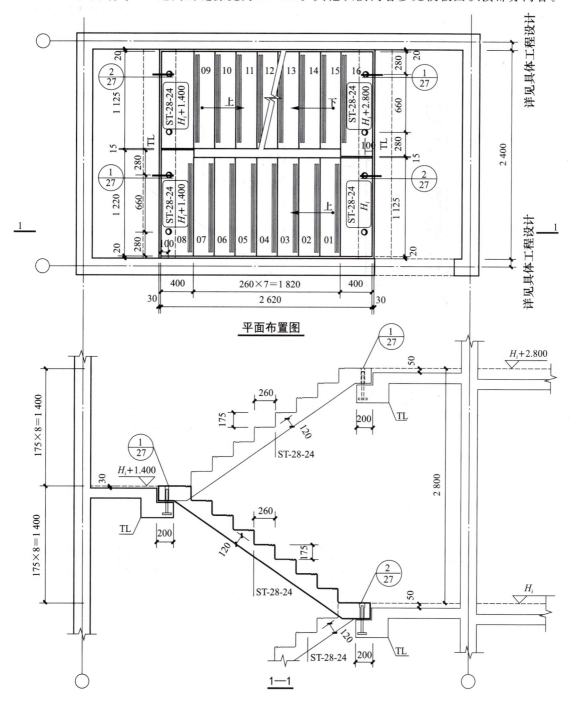

图4-7　ST-28-24 安装图

4. 节点详图识读

双跑楼梯 ST-28-24 节点详图如图 4-8 所示。

从图 4-8 中可以读取出 ST-28-24 双跑楼梯 8 个节点的详图信息，具体内容如下：

双跑楼梯节点图识读

(1)图 4-8(a)所示节点防滑槽加工做法。防滑槽长度方向两端距离梯段板边缘 50 mm，相邻两防滑槽中心线之间的距离为 30 mm，边缘防滑槽中心线距离踏步边缘 30 mm，每个防滑槽中心线与两边的距离分别为 9 mm 和 6 mm，防滑槽深为 6 mm。

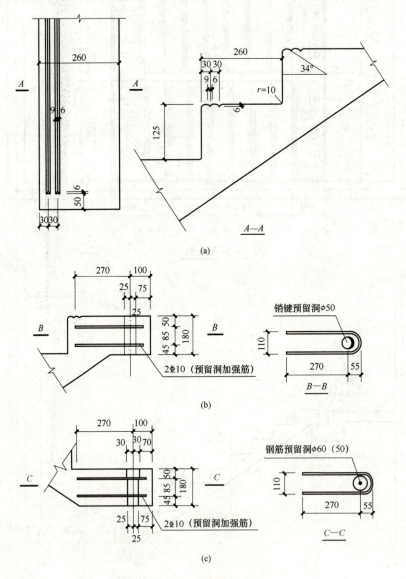

图 4-8 双跑楼梯节点详图
(a)防滑槽加工做法；(b)上端销键预留洞加强筋做法；
(c)下端销键预留洞加强筋做法

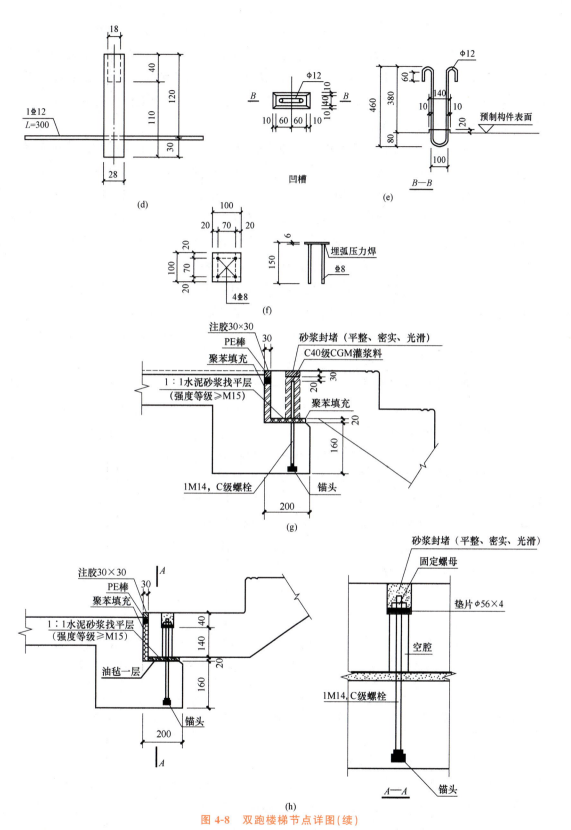

图 4-8 双跑楼梯节点详图(续)

(d)M1 示意图(螺栓型号为 M18,仅为施工过程中吊装用);(e)M2 大样图(构件脱模用的吊环);
(f)M3 大样图;(g)双跑梯固定铰端安装节点大样图;(h)双跑梯滑动铰端安装节点大样图

(2)图 4-8(b)所示的节点上端销键预留洞加强筋做法。预留洞外边缘距离支承外边缘 75 mm；每个预留洞设置 2 根直径为 10 mm 的 HRB400 级钢筋，U 形加强筋右边缘距离预留洞中心 55 mm，加强筋平直段长度为 270 mm，两平行边之间的距离为 110 mm；在竖直方向，上层加强筋与支承顶面的距离为 50 mm，下层加强筋与支承顶面的距离为 45 mm，两层加强筋之间的距离为 85 mm。

(3)图 4-8(c)所示节点下端销键预留洞加强筋做法。预留洞外边缘距离支承外边缘距离：洞底部为 75 mm，洞顶部为 70 mm；预留洞上部直径为 60 mm，深为 50 mm，下部直径为 50 mm，深为 130 mm；其他钢筋构造同图 4-8(b)所示节点。

(4)图 4-8(d)所示节点预埋件 M1 构造。预埋吊件直径为 28 mm，长度为 150 mm，吊件顶部的螺栓孔直径为 18 mm(深为 40 mm)，与预埋吊件相连接的加强筋为 1 根直径为 12 mm 的 HRB400 级钢筋，长度为 300 mm，与预埋吊件垂直布置，距离吊件底部 30 mm。

(5)图 4-8(e)所示节点预埋件 M2 构造。节点中预埋件凹槽为四棱台，长度为 140 mm，宽度为 60 mm，深度为 20 mm，四棱台四个斜面水平投影长度均为 10 mm；预埋吊筋呈 U 形，为 1 根直径为 12 mm 的 HPB300 级钢筋，下端凸出预制构件表面 80 mm，伸入构件内部 380 mm，钢筋端部做 180°弯钩，平直段长度为 60 mm，平行段之间的距离为 100 mm。

(6)图 4-8(f)所示节点预埋件 M3 构造。预埋钢板长度为 100 mm，宽度为 100 mm，厚度为 6 mm；与预埋钢板焊接的 4 根钢筋均为直径为 8 mm 的 HRB400 级钢筋，长度为 144 mm，焊接点与钢板边缘的距离均为 20 mm。

(7)图 4-8(g)所示节点双跑梯固定铰端安装节点大样。梯梁挑耳上预留 1M14，C 级螺栓，螺栓下端头设置锚头，上端插入梯板预留孔，预留孔内填塞 C40 级 CGM 灌浆料，上端用砂浆封堵(平整、密实、光滑)；梯梁与梯板水平接缝铺设 1∶1 水泥砂浆找平层，强度等级≥M15，竖向接缝用聚苯填充，顶部填塞 PE 棒，注胶 30×30。

(8)图 4-8(h)所示节点双跑梯滑动铰端安装节点大样。与固定铰端安装节点大样不同的是，梯梁与梯板水平接缝处铺设油毡一层，梯板预留孔内呈空腔状态，螺栓顶部加垫片 $\phi56×4$ 和固定螺母，预留孔顶部用砂浆封堵(平整、密实、光滑)。

5. 钢筋表识读

如图 4-3 所示，钢筋表主要表达钢筋的编号、数量、规格、形状(含各段细部尺寸)、钢筋名称、质量、钢筋总质量等内容，其具体识读内容详见前述"配筋图识读"相应内容。

4.1.4 知识拓展

某工程双跑楼梯 ST-30-24 模板图及配筋图如图 4-9 所示。由模板图可以读取出楼梯模板的长度、宽度、高度方向的总尺寸，踏步细部尺寸，预埋件、预留孔洞定位尺寸等；由配筋图可以读取出楼梯板的 12 种钢筋信息。读者可就双跑楼梯 ST-28-24、ST-30-24 的模板图和配筋图分别列表进行对比分析，查询两者之间构造的异同点。

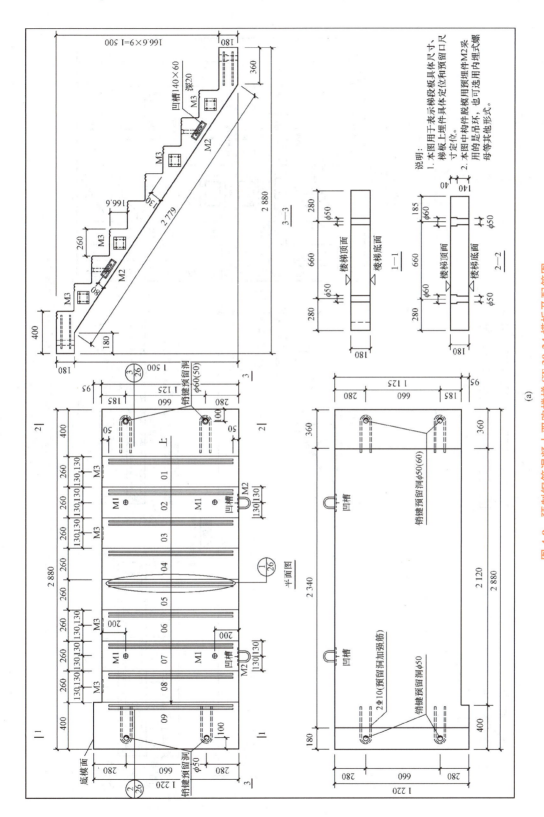

图 4-9 预制钢筋混凝土双跑楼梯 ST-30-24 模板及配筋图
(a) 双跑楼梯 ST-30-24 模板图

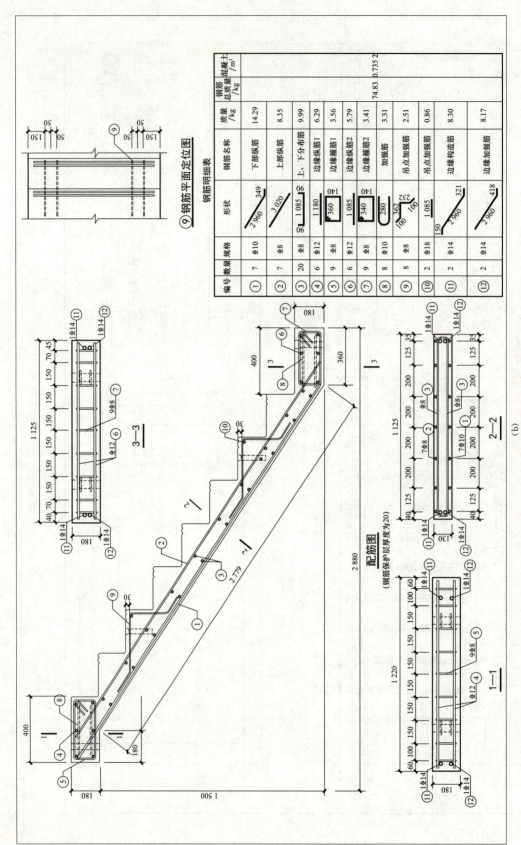

图 4-9 预制钢筋混凝土双跑楼梯 ST-30-24 模板及配筋图(续)
(b) 双跑楼梯 ST-30-24 配筋图

实例 4.2　预制钢筋混凝土剪刀楼梯识图

4.2.1　实例分析

某公司技术员王某接到某工程预制钢筋混凝土楼梯的生产任务,其中预制双跑楼梯选自标准图集《预制钢筋混凝土板式楼梯》(15G367-1),编号为 JT-28-25,其工程概况如下:工程环境类别为一类,梯段板厚度为 200 mm,混凝土强度等级为 C30,钢筋采用 HRB400 级,钢筋混凝土保护层厚度为 20 mm,楼梯入户处(平台板处)建筑面层厚度为 50 mm。

王某若要完成该楼梯的生产任务,必须先结合标准图集及工程概况完成该楼梯的识图任务,该楼梯模板图、配筋图、安装图如图 4-10～图 4-12 所示。

4.2.2　相关知识

1. 剪刀楼梯编号规定

预制剪刀楼梯编号如图 4-13 所示。例如,JT-28-25 表示预制混凝土剪刀楼梯,建筑层高为 2 800 mm,楼梯间净宽为 2 500 mm。

2. 剪刀楼梯平面布置图与剖面图标注内容

(1)平面布置图标注内容。预制楼梯平面布置图标注内容包括楼梯间的平面尺寸、楼层结构标高、楼梯的上下方向、预制梯板的平面几何尺寸、梯板类型及编号、定位尺寸和连接作法索引号等。

在图 4-14 所示的楼梯平面布置图中,选用了编号为 JT-28-25 的预制混凝土板式剪刀楼梯,建筑层高为 2 800 mm,楼梯间净宽为 2 500 mm,梯段水平投影长度为 4 900 mm,梯段板端部与梯梁竖向接缝缝宽为 30 mm。

(2)剖面图标注内容。预制楼梯剖面图标注内容包括预制楼梯编号、梯梁梯柱编号、预制梯板水平及竖向尺寸、楼层结构标高、层间结构标高、建筑楼面做法厚度等。

在图 4-15 所示的楼梯剖面图中,预制楼梯编号为 JT-28-25,梯梁编号为 TL,梯段高为 2 800 mm,楼层平台标高下一层为 H_i,上一层为 $H_i+2.800$ m,入户处(平台处)楼梯建筑面层厚度为 50 mm;踏步高度为 175 mm,踏步宽度为 260 mm,梯板厚度为 200 mm。

3. 其他说明

其他说明参见预制双跑楼梯部分内容。

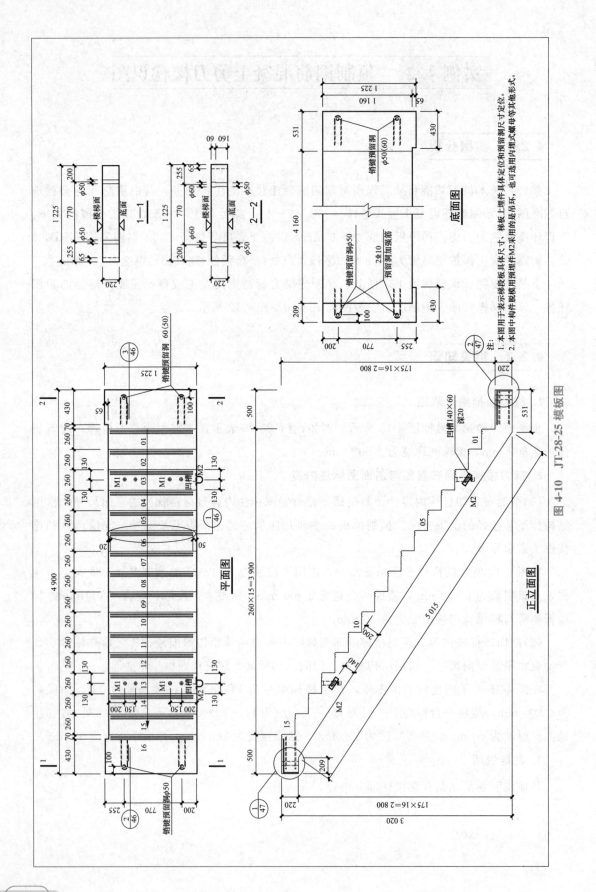

图 4-10 JT-28-25 模板图

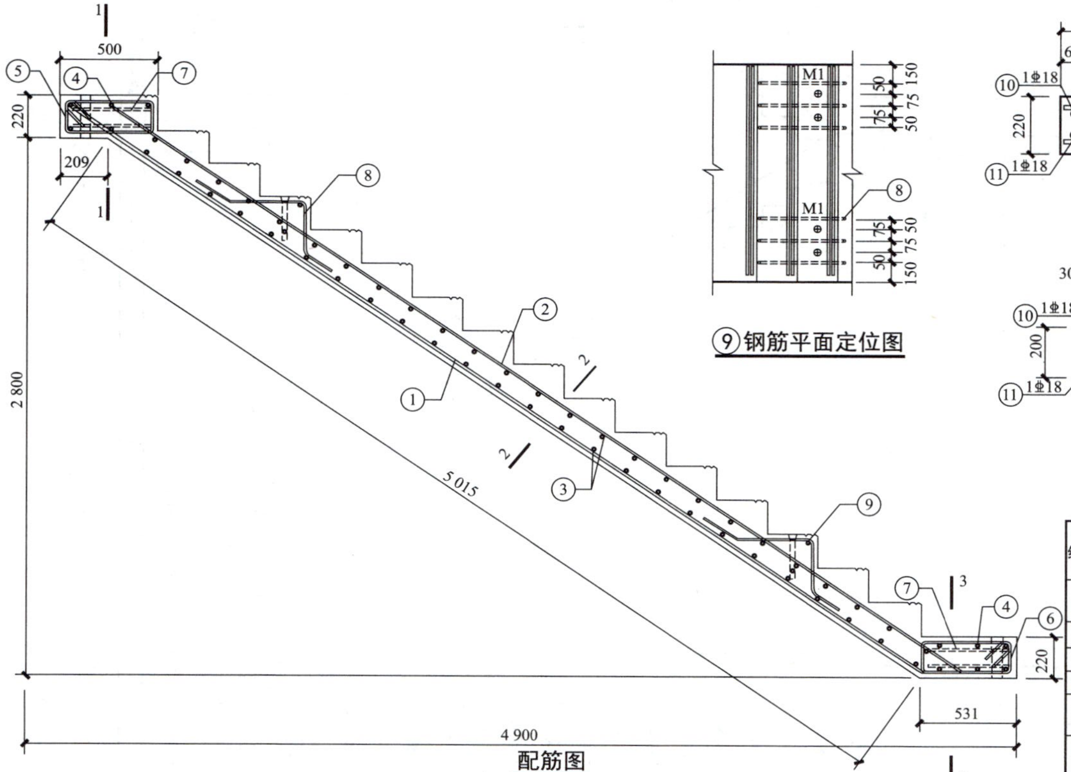

配筋图

(钢筋保护层厚度为20)

⑨钢筋平面定位图

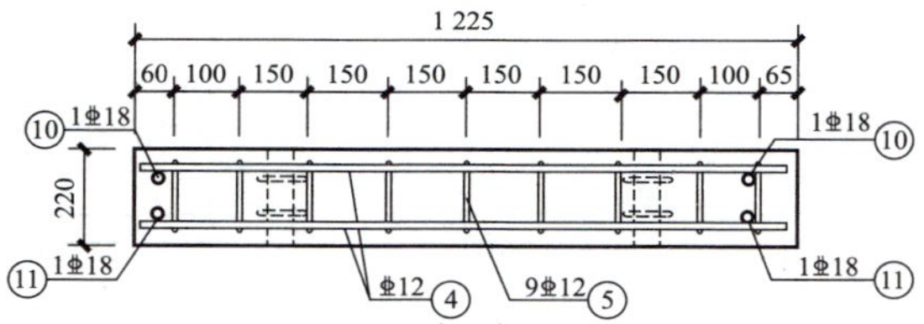

1—1

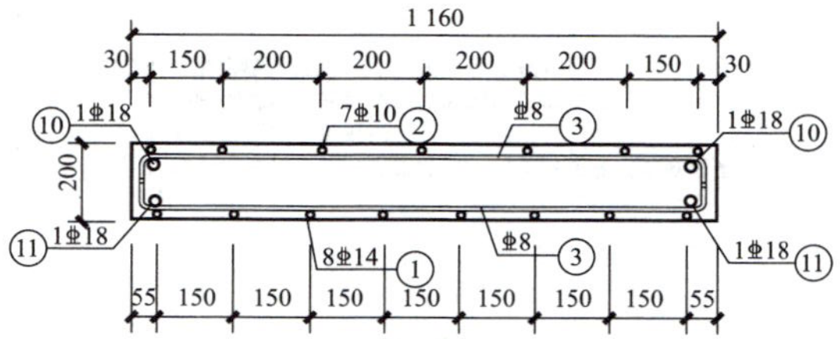

2—2

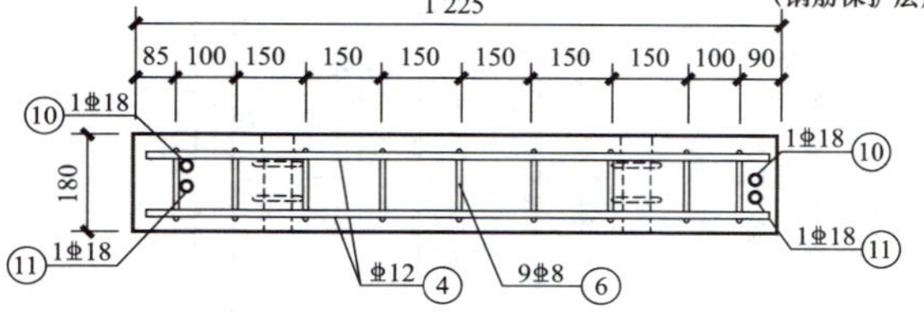

3—3

钢筋明细表

编号	数量	规格	形状	钢筋名称	质量/kg	钢筋总质量/kg	混凝土/m³
①	8	Φ14	5 269, 473	下部纵筋	55.56	194.25	1.736
②	7	Φ10	5 234	上部纵筋	22.61		
③	50	Φ8	150, 1 120, 150	上、下分布筋	28.04		
④	12	Φ12	1 185	边缘纵筋1	12.64		
⑤	9	Φ12	460, 180	边缘箍筋1	10.24		
⑥	9	Φ12	500, 180	边缘箍筋2	10.88		
⑦	8	Φ10	300	加强筋	3.51		
⑧	12	Φ8	100, 383, 170, 100	吊点加强筋	3.36		
⑨	2	Φ10	1 120	吊点加强筋	1.39		
⑩	2	Φ18	180, 5 173, 340	边缘加强筋	22.76		
⑪	2	Φ18	5 245, 572	边缘加强筋	23.26		

图 4-11 JT-28-25 配筋图

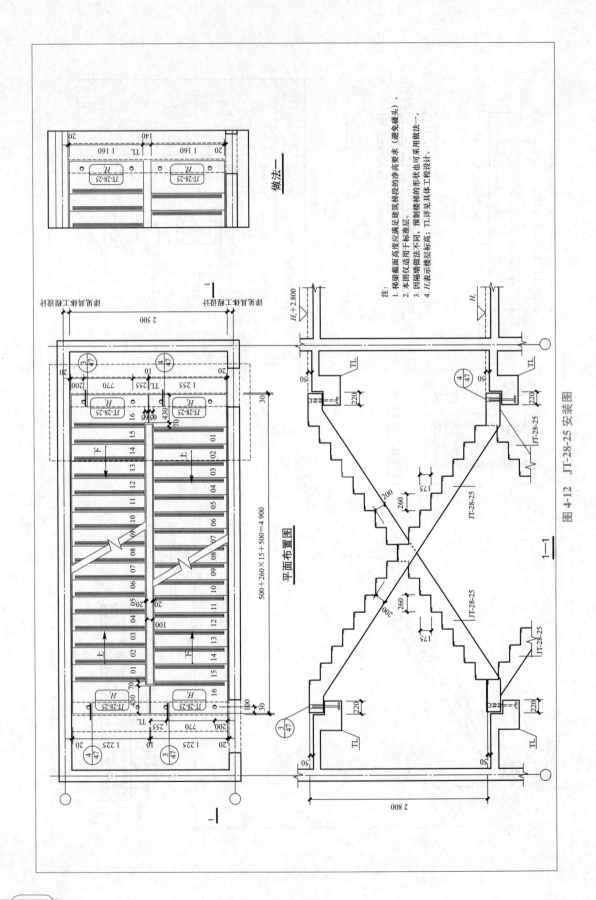

图 4-12 JT-28-25 安装图

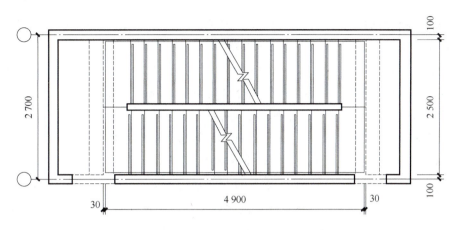

图 4-13 预制剪刀楼梯编号

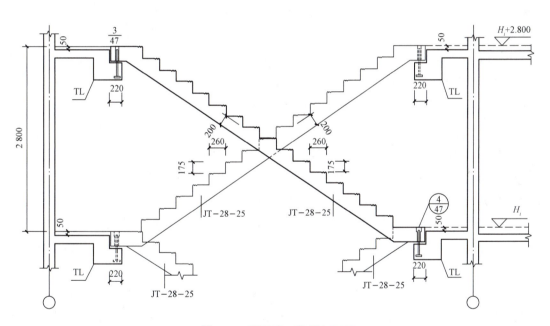

图 4-14 预制剪刀楼梯平面布置图

图 4-15 预制剪刀楼梯剖面图

4.2.3 任务实施

1. 模板图识读

如图 4-10 和图 4-12 所示，可以读取出楼梯 JT-28-25 模板图的相关信息。

剪刀楼梯模板图识读

143

(1)楼梯间净宽为 2 500 mm，其中梯井宽为 140 mm，梯段板宽为 1 160 mm，梯段板与楼梯间外墙间距为 20 mm。梯段板水平投影长为 4 900 mm。梯段板厚度为 200 mm。

(2)梯段板设置一个与低处楼梯平台连接的底部平台、15 个梯段中间的正常踏步(图纸中编号为 01~15)和一个与高处楼梯平台连接的踏步平台(图纸中编号为 16)。

(3)梯段底部平台面宽为 500 mm(因梯段有倾斜角度，平台底宽为 531 mm)，自楼梯平台一侧起 430 mm 宽度范围内的平台长度比梯段宽 65 mm，长为 1 225 mm。剩余 70 mm 宽度范围内的平台长度与梯段宽度相等，为 1 160 mm。平台厚度为 220 mm，顶面与低处楼梯平台顶面建筑面层平齐，搁置在平台挑梁上，与平台顶面间留 30 mm 空隙。平台上设置 2 个销键预留洞，预留洞中心距离梯段板底部平台靠楼梯平台一侧侧边为 100 mm，靠楼梯间外墙一侧预留洞中心距离对应侧边为 200 mm，靠梯井一侧预留洞中心距离对应侧边为 255 mm。预留洞下部 160 mm 孔径为 50 mm，上部 60 mm 孔径为 60 mm。

(4)梯段中间的 01~15 号踏步自下而上排列，踏步高为 175 mm，踏步面宽为 260 mm，踏步面长为 1 160 mm，与梯段宽度相同。踏步面上均设置防滑槽。第 03 和 13 号踏步台阶靠近楼梯间外墙一侧的侧面各设置 1 个梯段板吊装预埋件 M2，在踏步宽度上居中设置。第 03 和 13 号踏步面上各设置 2 组 4 个梯段板吊装预埋件 M1，在踏步宽度上居中，距离踏步两侧边(靠楼梯间外墙一侧和靠梯井一侧)200 mm 和 350 mm 处对称设置。

(5)与高处楼梯平台连接的 16 号踏步平台尺寸与梯段底部平台相同，对称布置，区别为平台上设置的销键预留洞孔径为 50 mm。该踏步平台与上一梯段板底部平台搁置在同一楼梯平台挑梁上，之间留 10 mm 空隙。

2. 配筋图识读

如图 4-11 所示，可以读取出楼梯 JT-28-25 配筋图的相关信息。具体如下：

(1)下部①号纵筋：8 根，布置在梯段板底部。沿梯段板方向倾斜布置，在梯段板底部平台处弯折成水平向。间距为 150 mm，与两侧板边的距离均为 55 mm。

(2)上部②号纵筋：7 根，布置在梯段板顶部。沿梯段板方向倾斜布置，在梯段板底部平台处不弯折，直伸至水平向下部纵筋处。间距为 200 mm，梯段板宽度上最外侧的两根下部纵筋间距调整为 150 mm，与板边的距离均为 55 mm。

(3)上、下③号分布筋：50 根，分别布置在下部纵筋和上部纵筋内侧，与下部纵筋和上部纵筋分别形成网片。仅在梯段倾斜区均匀布置，底部平台和顶部踏步平台处不布置。单根分布筋两端 90°弯折，弯钩长度为 80 mm，对应的上、下分布筋通过弯钩搭接成封闭状(位于纵筋内侧，不能称为箍筋)。

(4)边缘④号纵筋：12 根，分别布置在底部平台和顶部踏步平台处，沿平台长度方向(即梯段宽度方向)。每个平台布置 6 根，平台上、下部各 3 根，采用类似梁纵筋形式布置。底部平台边缘纵筋布置在梯段板下部纵筋水平段之上。

(5)边缘⑤⑥号箍筋：18 根，分别布置在底部平台和顶部踏步平台处，箍住各自的边缘纵筋。间距为 150 mm，最外侧两道箍筋间距调整为 100 mm。

(6)边缘⑩⑪号加强筋：4 根，布置在上、下分布筋的弯钩内侧，与梯段板下部纵筋和上部纵筋同向。在梯段板底部平台处均弯折成水平向，与梯段板下部纵筋水平段同层。上部边缘加强筋在顶部踏步平台处弯折成水平向。

(7)销键预留洞⑦号加强筋：8根，每个销键预留洞处上、下各1根，布置在梯段板上、下分布筋内侧，水平布置。

(8)吊点⑧号加强筋：12根，每组2个吊点预埋件M1左、中、右各布置1根。定位见钢筋平面位置定位图。

(9)吊点⑨号加强筋：2根。

3. 安装图识读

如图4-12所示，楼梯间净宽为2 500 mm，梯井宽为140 mm，梯段板宽为1 225 mm，平台面之间的缝隙宽为10 mm，梯段板与楼梯间外墙间距为20 mm。梯段板水平投影长为4 900 mm，两端与TL之间的缝隙宽为30 mm。其他识读内容参见模板图识读部分内容。

剪刀楼梯安装图识读

4. 节点详图识读

剪刀楼梯JT-28-25节点详图如图4-16所示。

从图4-16中可以读取出JT-28-25剪刀楼梯9个节点的详图信息，具体内容如下：

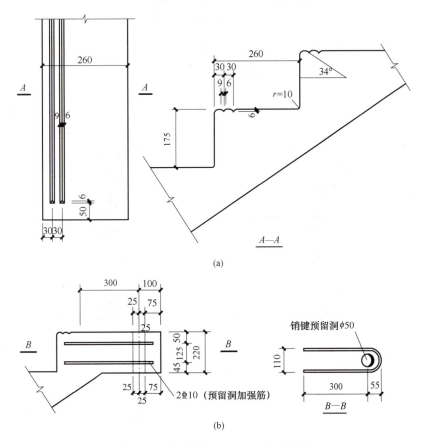

图4-16 剪刀楼梯JT-28-25节点详图

(a)防滑槽加工做法；(b)上部销键预留洞加强筋做法

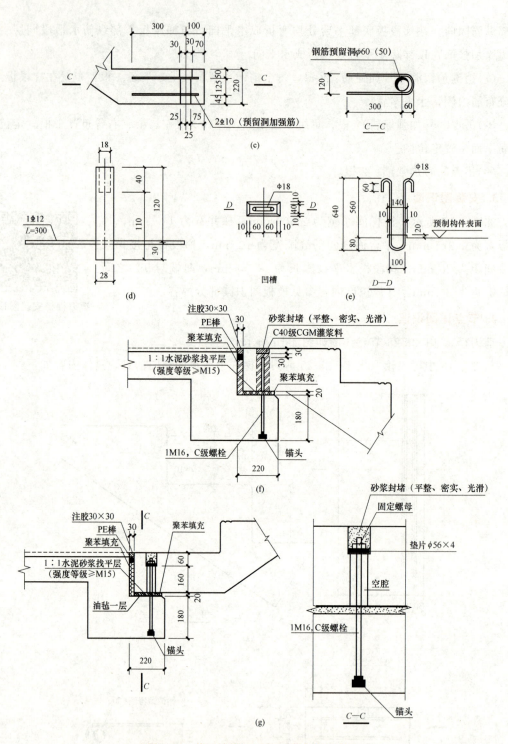

图 4-16 剪刀楼梯 JT-28-25 节点详图(续)
(c)下端销键预留洞加强筋做法；(d)M1 示意图(螺栓型号为 M18)；(e)M2 大样图；
(f)剪刀梯固定铰端安装节点大样；(g)剪刀梯滑动铰端安装节点大样

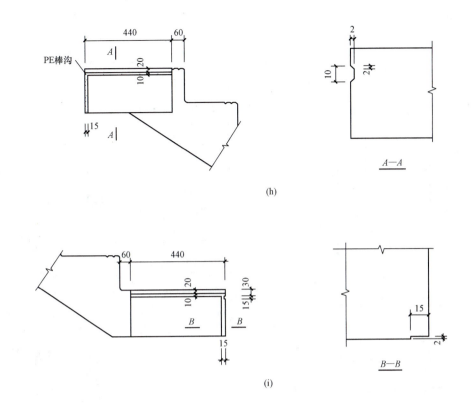

图 4-16 剪刀楼梯 JT-28-25 节点详图(续)

(h)PE棒固定沟(梯段上端固定沟详图);(i)PE棒固定沟(梯段下端固定沟详图)

5. 钢筋表识读

如图 4-11 所示,钢筋表主要表达钢筋的编号、数量、规格、形状(含各段细部尺寸)、钢筋名称、质量、钢筋总质量等内容,其具体识读内容详见前述"配筋图识读"相应内容。

4.2.4 知识拓展

某工程剪刀楼梯 JT-30-25 模板图及配筋图如图 4-17 和图 4-18 所示。由模板图可以读取出楼梯模板的长度、宽度、高度方向的总尺寸,踏步细部尺寸,预埋件、预留孔洞定位尺寸等;由配筋图可以读取出楼梯板的 11 种钢筋信息。读者可就剪刀楼梯 JT-28-25、JT-30-25 的模板图和配筋图分别列表进行对比分析,查询两者之间构造的异同点。

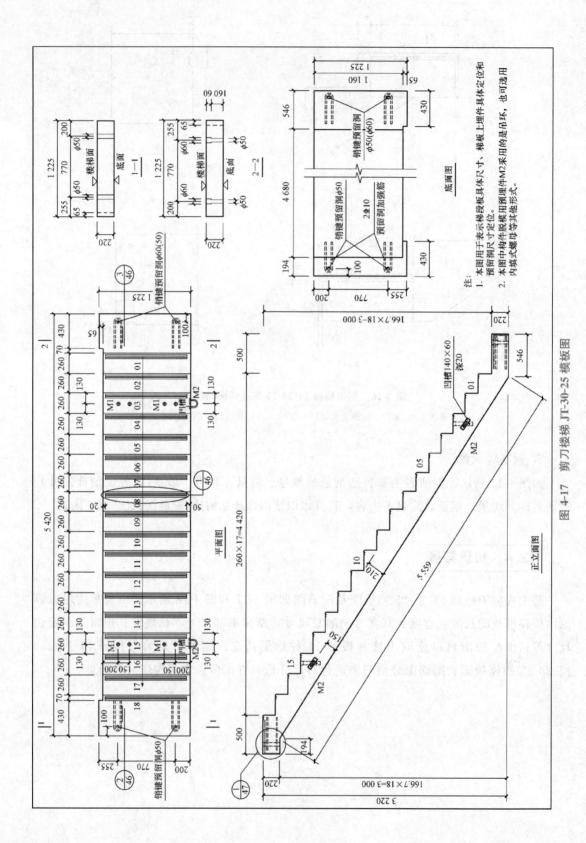

图 4-17 剪刀楼梯 JT-30-25 模板图

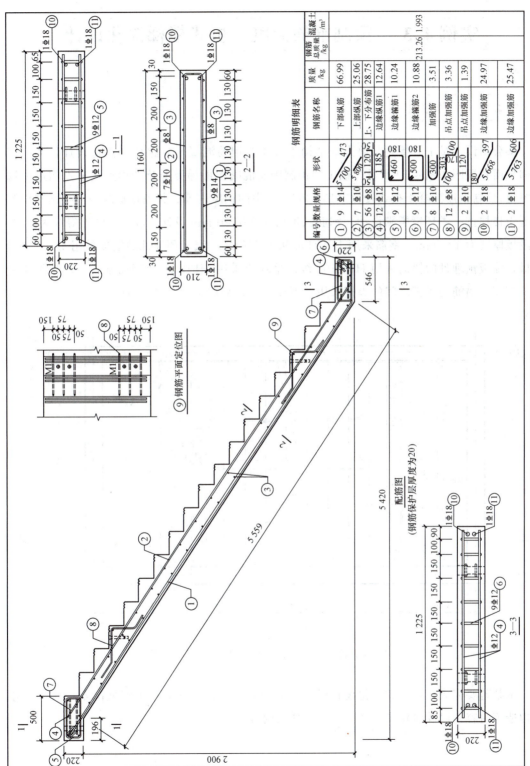

图 4-18 剪刀楼梯 JT-30-25 配筋图

实例4.3 预制钢筋混凝土板式楼梯深化设计

4.3.1 实例分析

某公司设计员王某接到某剪力墙结构工程预制钢筋混凝土双跑楼梯深化设计任务,其楼梯平面布置图如图4-19所示。该工程预制钢筋混凝土楼梯类型及结构连接节点构造可选用图集《预制钢筋混凝土板式楼梯》(15G367—1)中的相应内容。其工程概况如下:预制钢筋混凝土楼梯按一类环境类别设计,钢筋保护层厚度按20 mm设计,混凝土强度等级为C30,梯段板厚度为120 mm;钢筋采用HRB400级和HPB300级,预埋件的锚板采用Q235-B级钢材,锚板预埋件的锚筋采用HRB400级;吊环应采用HPB300级钢筋制作,严禁采用冷加工钢筋;锚筋与锚板之间的焊接采用埋弧压力焊,采用HJ431型焊剂。

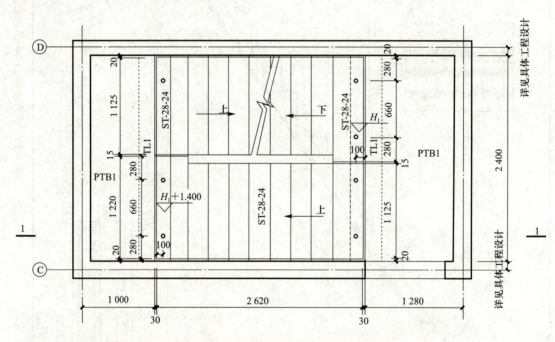

图4-19 预制钢筋混凝土双跑楼梯ST-28-24平面布置图

王某若要完成该楼梯的深化设计任务,必须先结合标准图集与工程概况掌握楼梯的连接构造等内容,以及深化设计文件所应包括的内容。

4.3.2 相关知识

1. 板式楼梯构造要求

板式楼梯构造包括双跑楼梯构造和剪刀楼梯构造,双跑楼梯节点构造参见前述4.1.3内容及图4-8,剪刀楼梯节点构造参见前述4.2.3内容及图4-16。

2. 板式楼梯连接构造

(1)高端支承为固定铰支座,低端支承为滑动铰支座节点构造。梯梁挑耳与梯板预留孔之间连接的孔边加强筋构造除可以采用图4-8(b)、(c)所示的做法外,还可以采用《装配式混凝土结构连接节点构造(楼盖结构和楼梯)》(15G310—1)的构造做法,如图4-20所示,孔边加强筋的规格、尺寸等由设计确定。

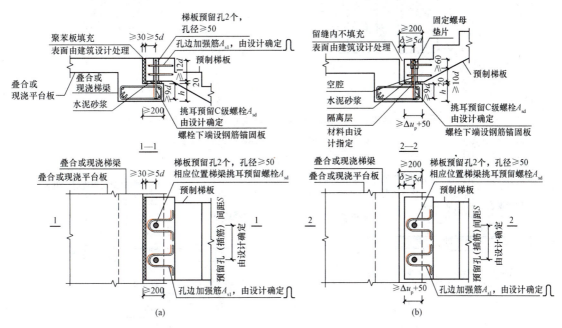

图 4-20 高端支承为固定铰支座,低端支承为滑动铰支座节点构造
(a)高端支承固定铰支座;(b)低端支承滑动铰支座

(2)高端支承为固定支座,低端支承为滑动支座节点构造如图4-21所示。

(3)高端支承和低端支承均为固定支座节点构造如图4-22所示。

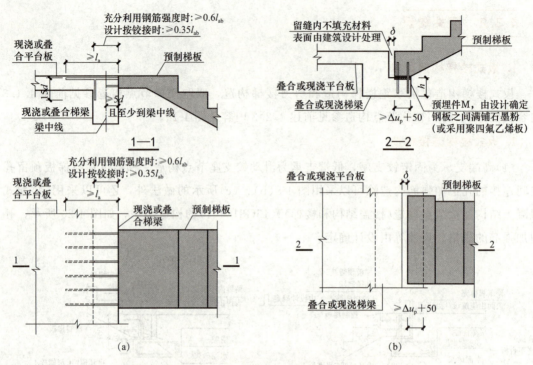

图 4-21 高端支承为固定支座，低端支承为滑动支座节点构造
(a) 高端支承固定支座；(b) 低端支承滑动支座

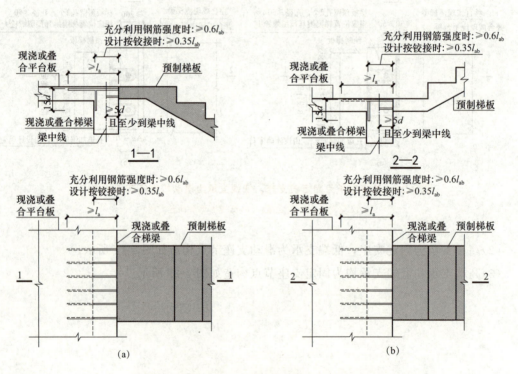

图 4-22 高端支承和低端支承均为固定支座节点构造
(a) 高端支承固定支座；(b) 低端支承固定支座

4.3.3　任务实施

1. 预制板式楼梯的深化设计

(1)预制板式楼梯制作前应进行深化设计,深化设计文件应根据施工图设计文件及选用的标准图集、生产制作工艺、运输条件和安装施工要求等进行编制。

(2)预制板式楼梯详图中的销键预留洞、凹槽、预埋件和加强筋等,需与相关专业图纸仔细核对无误后方可下料制作。

(3)深化设计文件应经设计单位书面确认后方可作为生产依据。

(4)深化设计文件应包括(但不限于)以下内容:

1)预制板式楼梯安装图(含平面布置图和相应剖面图)。

2)预制板式楼梯模板图(含平面图、底面图及相应剖面图)。

3)预制板式楼梯配筋图(含立面配筋图、钢筋平面定位图及相应剖面图、钢筋明细表)。

4)构造节点详图(含防滑槽加工做法、预留洞加强筋做法、TL与梯板之间空隙处理做法、高端支承和低端支承安装节点大样、预埋件大样图等)。

5)计算书。根据《混凝土结构工程施工规范》(GB 50666—2011)的有关规定,应根据设计要求和施工方案对脱模、吊运、运输、安装等环节进行施工验算,如预制板式楼梯、预埋件、吊具等的承载力、变形和裂缝等。

2. 预制板式楼梯设计

(1)选用《预制钢筋混凝土板式楼梯》(15G367-1)标准图集设计方法。

1)选用步骤。

①确定各参数与标准图集选用范围要求保持一致。

②混凝土强度等级、建筑面层厚度等参数可在施工图中统一说明。

③根据楼梯间净宽、建筑层高确定预制楼梯编号。

④核对预制楼梯的结构计算结果。

⑤选用预埋件,并根据具体工程实际增加其他预埋件,预埋件可参考15G367—1图集中的样式。

⑥根据图集中给出的质量及吊点位置,结合构件生产单位、施工安装要求选用吊件类型及尺寸。

⑦补充预制楼梯相关制作施工要求。

2)选用示例。下面以层高为2 800 mm、净宽为2 500 mm的双跑楼梯为例,说明预制梯段板选用方法(图4-23)。

已知条件:

①双跑楼梯,建筑层高为2 800 mm,楼梯间净宽为2 500 mm,活荷载为3.5 kN/m^2。

②楼梯建筑面层厚度:入户处为50 mm,平台板处为30 mm。

选用结果：图 4-23 中参数符合《预制钢筋混凝土板式楼梯》(15G367－1)标准图集中 ST-28-25 的楼梯模板及配筋参数，根据楼梯选用表直接选用。

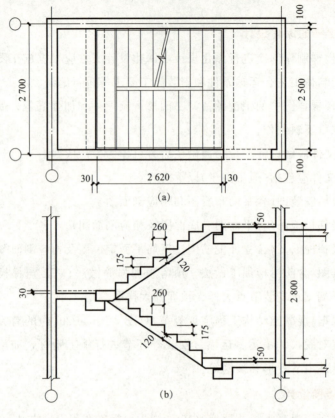

图 4-23 双跑楼梯选用示例

(2)深化设计软件设计方法。登录装配式建筑深化设计软件，完成预制板式楼梯的深化设计。

软件设计方法

学习启示

党的二十大报告指出，加快建设国家战略人才力量，努力培养造就更多大师、战略科学家、一流科技领军人才和创新团队、青年科技人才、卓越工程师、大国工匠、高技能人才。像搭积木一样建房子是装配式建筑的真实写照，如何保证构件的质量、确保构件之间可靠连接直接关系到建筑的安全。对于构件生产厂从业人员来说，实行精细化生产管理，减少生产浪费，提高产品质量和生产效率是装配式建筑节约成本的重要举措。因此，对于未来的从业者，需要注重培养他们精细识读、精细设计施工图的良好作风，精研细磨结构构造的工匠精神，凸显精细意识、责任意识、安全意识、节约意识。

小　结

通过本部分的学习，要求学生掌握预制钢筋混凝土楼梯的类型和编号规定、平面布置图和剖面图的标注内容及相关规定；能够熟练阅读预制钢筋混凝土双跑楼梯和剪刀楼梯的模板图、配筋图、钢筋明细表及相关构造节点详图；能够掌握深化设计文件所包括的内容。

习　题

一、简答题

1. 简述 ST-28-25 和 JT-28-25 各符号所代表的含义。
2. 预制楼梯平面布置图标注包括哪些内容？
3. 预制楼梯剖面图标注包括哪些内容？
4. 预制楼梯表主要包括哪些内容？
5. 预制隔墙板编号由哪几部分组成？
6. 钢筋表主要表达哪些内容？

二、识图题

某工程预制钢筋混凝土楼梯 ST-28-24 模板图及配筋图如图 4-2 和图 4-3 所示，楼梯 JT-30-25 模板图及配筋图如图 4-17 和图 4-18 所示。试列表将两种类型楼梯的相关参数进行对比分析，查询两者之间构造的异同点。

任务5　预制钢筋混凝土阳台板、空调板和女儿墙识图与深化设计

学习目标

知识目标：掌握预制钢筋混凝土阳台板、空调板和女儿墙的类型和编号规定；掌握预制钢筋混凝土阳台板、空调板和女儿墙平面布置图和剖面图的标注内容及相关规定。

能力目标：能够正确识读预制钢筋混凝土阳台板、空调板和女儿墙的模板图、配筋图、钢筋明细表及构造节点详图；能够进行预制钢筋混凝土阳台板、空调板和女儿墙的深化设计。

素质目标：养成精细识读、精细设计阳台板、空调板和女儿墙施工图的良好作风；精研细磨阳台板、空调板和女儿墙构造，培养一丝不苟的工匠精神和劳动风尚，凸显"精细意识""责任意识"。

实例5.1　预制钢筋混凝土阳台板、空调板和女儿墙识图

5.1.1　实例分析

某公司技术员王某接到某工程预制阳台的生产任务，其中预制阳台选自标准图集《预制钢筋混凝土阳台板、空调板及女儿墙》(15G368—1)，编号为YTB-B-1024-04(全预制板式阳台，阳台长度为1 010 mm，房间开间为2 400 mm，阳台宽度为2 380 mm，阳台封边高度为400 mm)。其工程概况如下：混凝土强度等级为C30；钢筋采用HPB300(Φ)、HRB400(⊥)；预埋件的锚板采用Q235-B级钢；内埋式吊杆采用Q345钢材；吊环采用HPB300级钢筋制作(严禁采用冷加工钢筋)；预制阳台板预埋件、安装用的连接件应采用碳素结构钢；焊接采用的焊条，应符合现行国家标准；预埋件的锚筋采用HRB400钢筋，锚筋严禁采用冷加工钢筋；密封材料、背衬材料等应满足国家现行有关标准的要求；钢筋保护层厚度板按20 mm、梁按25 mm考虑，环境类别为一类；预制阳台板纵向受力钢筋宜在后浇混凝土内直线锚固，当直线锚固长度不足时可采用弯钩和机械锚固方式，弯钩和机械锚固做法详见《装配式混凝土结构连接节点构造(剪力墙)》(15G310—2)；预制阳台板内埋设管线时，所铺设管线应放在板下层钢筋之上、板上层钢筋之下且管线应避免交叉，

课程思政　　课程网络资源

管线的混凝土保护层应不小于 30 mm。

王某若要完成该阳台板的生产任务，必须先结合标准图集及工程概况完成该阳台板的识图任务。该全预制板式阳台选取参数见表 5-1 和图 5-1，全预制板式阳台模板图、配筋图及节点详图见图 5-2～图 5-4 和表 5-2。

表 5-1 全预制板式阳台选用表

规格	阳台长度 l/mm	房间开间 b/mm	阳台宽度 b_0/mm	全预制板厚度 h/mm	预制构件质量/t	脱模（吊装）吊点 a_1/mm	施工临时支撑 c_1/mm
YTB-B-1024-04	1 010	2 400	2 380	130	1.17	450	425
YTB-B-1027-04	1 010	2 700	2 680	130	1.30	550	475
YTB-B-1030-04	1 010	3 000	2 980	130	1.43	600	525
YTB-B-1033-04	1 010	3 300	3 280	130	1.56	650	575

注：预制阳台板 YTB-B-1024-04 中各符号的含义：YTB——预制阳台；B——预制阳台板类型（B 型代表全预制板式阳台、D 型代表叠合板式阳台、L 型代表全预制梁式阳台）；10——阳台板悬挑长度（结构尺寸 10 dm，为相对剪力墙外墙外表面挑出长度）；24——预制阳台板宽度对应房间开间的轴线尺寸（24 dm）；04——封边高度（04 代表阳台封边高度 4 dm、08 代表封边高度 8 dm、12 代表封边高度 12 dm）。

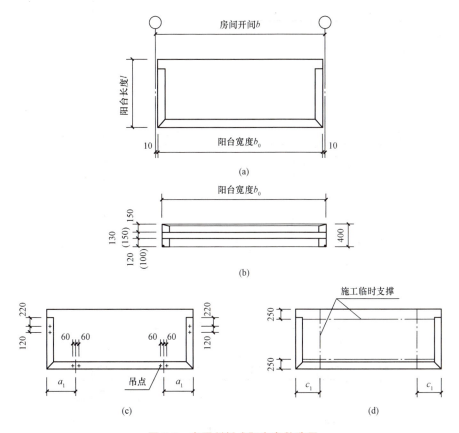

图 5-1 全预制板式阳台参数选用

(a)YTB-B-1024-04 平面图；(b)YTB-B-1024-04 背立面图；
(c)YTB-B-1024-04 吊点布置平面图；(d)YTB-B-1024-04 施工支撑布置平面图

注：构件脱模与吊装使用相同吊点；施工应采取可靠措施，设置临时支撑，防止构件倾覆。

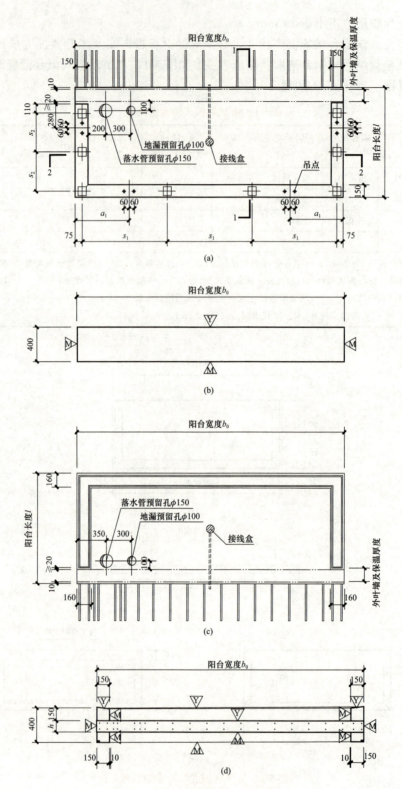

图 5-2 全预制板式阳台模板图
(a)平面图;(b)正立面图;(c)底面图;(d)背立面图

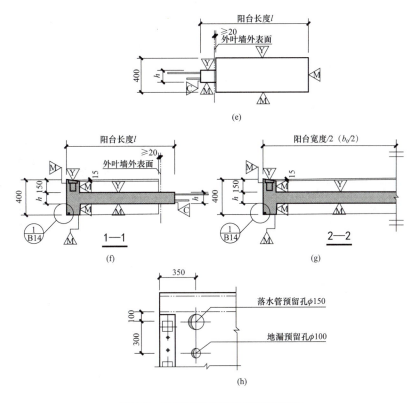

图 5-2 全预制板式阳台模板图(续)

(e)左侧立面图；(f)1—1剖面图；(g)2—2剖面图；(h)洞口纵向排布图

注：图中预制阳台板栏杆预埋件间距 s_1、s_2 不大于 750 mm 且等分布置。

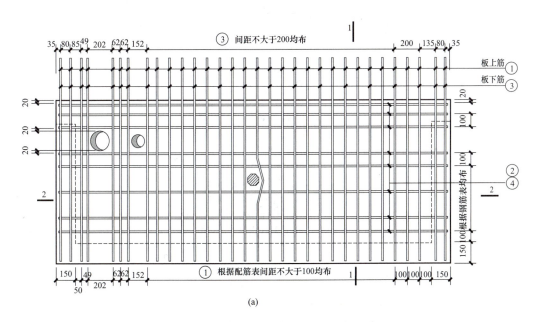

图 5-3 全预制板式阳台配筋图

(a)配筋平面图(板)

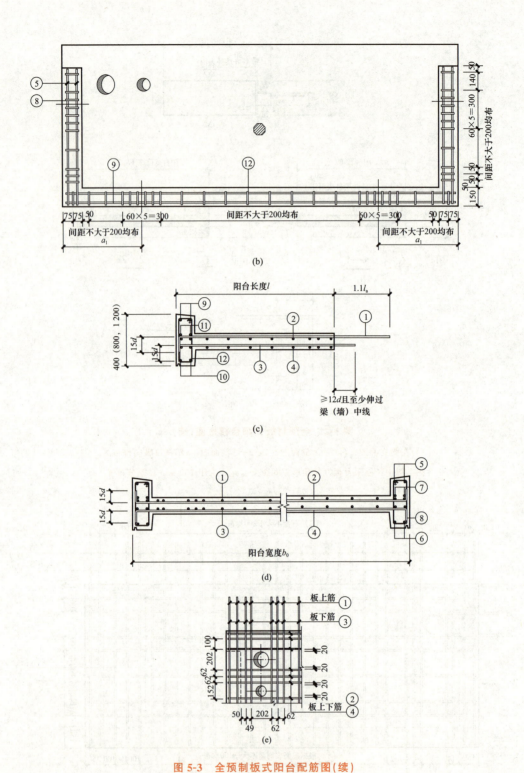

图 5-3 全预制板式阳台配筋图(续)

(b)配筋平面图(封边);(c)1—1 剖面图;

(d)2—2 剖面图;(e)阳台板洞口纵向排布配筋图

注:吊点位置箍筋应加密为 6Φ6@50。

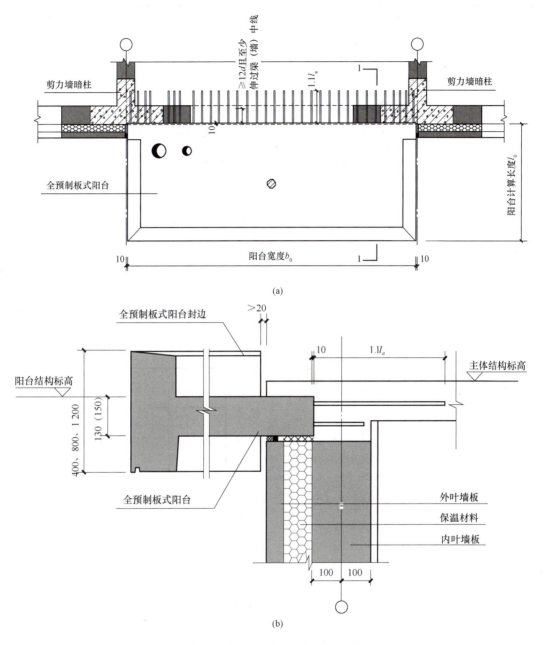

图 5-4　全预制板式阳台节点详图

（a）全预制板式阳台与主体结构安装平面图；

（b）1—1 剖面图（全预制板式阳台与主体结构连接节点详图）

注：全预制板式阳台长度方向封边尺寸＝阳台长度 l－10 mm－保温层厚度－外叶墙板厚度－20 mm。

表 5-2　全预制板式阳台配筋表

构件编号	钢筋编号	规格	加工尺寸	根数
YTB-B-1024-04	①	⌀8	120 / 1 300	25
	②	⌀8	120 / 2 330 / 120	8
	③	⌀8	120 / 1 085	18
	④	⌀10	150 / 2 330 / 150	8
	⑤	⌀12	180 / ≈800	4
	⑥	⌀12	180 / ≈800	4
	⑧	⌀6	350 / 100	22
	⑨	⌀12	180 / 2 330 / 180	2
	⑩	⌀12	180 / 2 330 / 180	2
	⑫	⌀6	350 / 100	21

注：YTB-B-1024-04 全预制板式阳台中没有⑦号和⑪号钢筋；因保温层厚度不确定，影响长度方向封边纵筋长度，在表中用"≈"表示约等于；封边封闭箍筋做135°弯钩，平直段长度为5d；表中数据不作为下料依据，仅供参考，实际下料时按图纸设计要求及计算规则另行计算。

5.1.2 相关知识

1. 预制阳台板、空调板和女儿墙类型与编号规定

(1)预制阳台板、空调板和女儿墙类型与编号规定。预制阳台板、空调板及女儿墙的编号由构件代号、序号组成。编号规则符合表 5-3 的要求。

预制阳台板、空调板和女儿墙类型与编号规定

表 5-3 预制阳台板、空调板及女儿墙的编号、序号

预制构件类型	代号	序号
阳台板	YTB	××
空调板	KTB	××
女儿墙	NEQ	××

注：在女儿墙编号中，如若干女儿墙的厚度尺寸和配筋均相同，仅墙厚与轴线关系不同，可将其编为同一墙身号，但应在图中注明与轴线的位置关系。序号可为数字，或数字加字母。

例如 KTB2：表示预制空调板，编号为 2。

例如 YTB3a：某工程有一块预制阳台板与已编号的 YTB3 除洞口位置外，其他参数均相同，为方便起见，将该预制阳台板序号编为 3a。

例如 NEQ5：表示预制女儿墙，编号为 5。

(2)选用标准预制阳台板、空调板和女儿墙时的类型与编号规定。当选用标准图集中的预制阳台板、空调板及女儿墙时，可选型号参见《预制钢筋混凝土阳台板、空调板及女儿墙》(15G368—1)，其编号规定见表 5-4。

表 5-4 标准图集中预制阳台板、空调板及女儿墙的编号

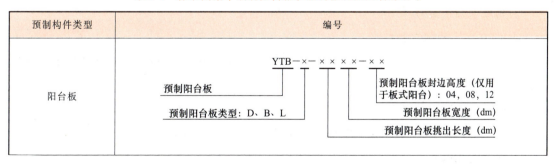

续表

预制构件类型	编号
空调板	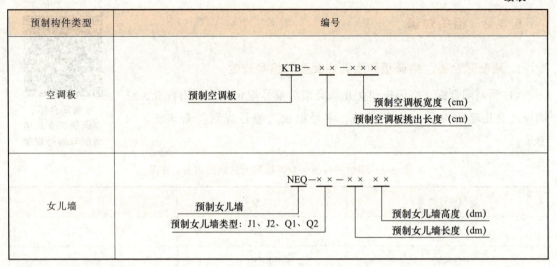
女儿墙	

1)预制阳台板编号。

①YTB 表示预制阳台板。

②YTB 后第一组为单个字母 D、B 或 L，表示预制阳台板类型。其中，D 表示叠合板式阳台，B 表示全预制板式阳台，L 表示全预制梁式阳台。

③YTB 后第二组四个数字，表示阳台板尺寸。其中，前两个数字表示阳台板悬挑长度（按 dm 计，从结构承重墙外表面算起），后两个数字表示阳台板宽度对应房间开间的轴线尺寸（按 dm 计）。

④YTB 后第三组两个数字，表示预制阳台封边高度。04 表示封边高度为 400 mm，08 表示封边高度为 800 mm，12 表示封边高度为 1 200 mm。当为全预制梁式阳台时，无此项。

例如 YTB-D-1024-08：表示预制叠合板式阳台，挑出长度为 1 000 mm，阳台开间为 2 400 mm，封边高度为 800 mm。

2)预制空调板编号。

①KTB 表示预制空调板；

②KTB 后第一组两个数字，表示预制空调板长度（按 cm 计，挑出长度从结构承重墙外表面算起）；

③KTB 后第二组三个数字，表示预制空调板宽度（按 cm 计）。

例如 KTB-84-130：表示预制空调板，构件长度为 840 mm，宽度为 1 300 mm。

3)预制女儿墙编号。

①NEQ 表示预制女儿墙。

②NEQ 后第一组两个数字，表示预制女儿墙类型，分别为 J1、J2、Q1 和 Q2 型。其中，J1 型代表夹心保温式女儿墙（直板）、J2 型代表夹心保温式女儿墙（转角板）、Q1 型代表非保温式女儿墙（直板）、Q2 型代表非保温式女儿墙（转角板）。

③NEQ 后第二组四个数字，表示预制女儿墙尺寸。其中，前两个数字表示预制女儿墙长度(按 dm 计)，后两个数字表示预制女儿墙高度(按 dm 计)。

例如 NEQ-J1-3614：表示夹心保温式女儿墙，长度为 3 600 mm，高度为 1 400 mm。

2. 预制阳台板、空调板和女儿墙平面布置图标注内容

(1)预制构件编号。

(2)各预制构件的平面尺寸、定位尺寸。

(3)预留洞口尺寸及相对于构件本身的定位(与标准构件中留洞位置一致时可不标)。

(4)楼层结构标高。

(5)预制钢筋混凝土阳台板、空调板结构完成面与结构标高不同时的标高高差。

(6)预制女儿墙厚度、定位尺寸、女儿墙墙顶标高。

3. 预制阳台板、空调板和女儿墙构件表注写内容

(1)预制阳台板、空调板构件表的主要内容。

1)预制构件编号。

2)选用标准图集的构件编号，自行设计构件可不写。

3)板厚(mm)，叠合式还需注写预制底板厚度，表示方法为"×××(××)"。

4)构件质量。

5)构件数量。

6)所在层号。

7)构件详图页码：选用标准图集构件需注写图集号和相应页码，自行设计构件需注写施工图图号。

8)备注中可标明该预制构件是"标准构件"或"自行设计"。

(2)预制女儿墙构件表的主要内容。

1)平面图中的编号。

2)选用标准图集的构件编号，自行设计构件可不写。

3)所在层号和轴线号，轴号标注方法与外墙板相同。

4)内叶墙厚。

5)构件质量。

6)构件数量。

7)构件详图页码：选用标准图集构件需注写图集号和相应页码，自行设计构件需注写施工图图号。

8)如果女儿墙内叶墙板与标准图集中的一致，外叶墙板有区别，可对外叶墙板调整后选用，调整参数(a、b)，如图 5-5 所示。

图 5-5 女儿墙外叶墙板调整选用示意

9)备注中可标明该预制构件是"标准构件""调整选用"或"自行设计"。

4. 其他说明

预制阳台板、空调板及女儿墙施工图应包括按标准层绘制的平面布置图、构件选用表。平面布置图中需要标注预制构件编号、定位尺寸及连接做法。其平面注写示例如图 5-6 所示。

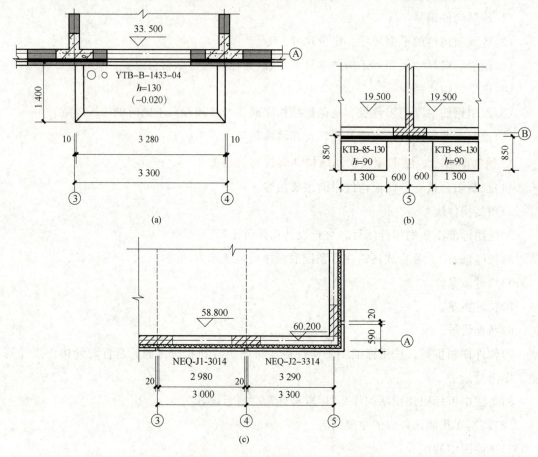

图 5-6 预制阳台板、空调板及女儿墙平面注写示例
(a)预制阳台板平面注写示例;(b)预制空调板平面注写示例;
(c)预制女儿墙平面注写示例

5.1.3 任务实施

1. 模板图识读

从图 5-2 中可以读取出 YTB-B-1024-04 模板图中的以下内容:
(1)全预制板式阳台的具体尺寸。结合表 5-1 可以读取出阳台长度 $l=1\,010$ mm,阳台宽度 $b_0=2\,380$ mm,阳台板厚度 $h=130$ mm;封边高度为 400 mm,上封边高度为 150 mm、厚度为 150 mm,下封边高度为 $400-150-130=120$(mm),顶部厚度为 150 mm,底部厚度为 160 mm。

预制阳台板、空调板和女儿墙模板图识读

(2)预埋件的定位尺寸。由图 5-2(a)可知,阳台长度方向第一个预埋件距离外叶墙外表面 110+20=130(mm),相邻两个预埋件之间的距离为 s_2;阳台宽度方向第一个预埋件距离阳台板边缘 75 mm,相邻两个预埋件之间的距离为 s_1。

(3)预留洞口的定位尺寸。从平面图和底面图中可以读取出阳台底板预留两个洞口,一个是落水管预留孔 ϕ150 mm,一个是地漏预留孔 ϕ100 mm,两个洞口之间的距离为 300 mm,距离外叶墙外表面 100 mm,落水管预留孔距离阳台边缘 350 mm。

(4)图中符号说明:△所指方向代表压光面,△所指方向代表模板面,△所指方向代表粗糙面。

2. 配筋图识读

从图 5-3 和表 5-2 中可以读取出 YTB-B-1024-04 配筋图中共有 10 种类型的钢筋,各种钢筋信息内容如下:

预制阳台板、空调板和女儿墙配筋图识读

(1)①号钢筋为直径为 8 mm 的 HRB400 级,为阳台长度方向板上部钢筋,外侧弯锚 $15d$,内侧向墙(梁)或板内锚固 $1.1l_a$。间距按照图 5-3(a)中的要求进行布置,即左端钢筋的间距:第一根距离边缘 35 mm,其余分别为 80 mm、85 mm、49 mm、202 mm、62 mm、62 mm、152 mm;右端钢筋的间距:第一根距离边缘 35 mm,其余分别为 80 mm、135 mm、100 mm、100 mm;中间部分钢筋的间距根据钢筋表间距不大于 200 mm 均布(其他类型钢筋间距的阅读方法与此相同)。

(2)②号钢筋为直径为 8 mm 的 HRB400 级,为阳台宽度方向板上部钢筋,两端弯锚 $15d$。

(3)③号钢筋为直径为 8 mm 的 HRB400 级,为阳台长度方向板下部钢筋,外侧弯锚 $15d$,内侧向墙(梁)内延伸长度≥$12d$ 且至少伸过梁(墙)中线。

(4)④号钢筋为直径为 10 mm 的 HRB400 级,为阳台宽度方向板下部钢筋,两端弯锚 $15d$。

(5)⑤号钢筋为直径为 12 mm 的 HRB400 级,为阳台长度方向封边上部钢筋,外侧弯锚 $15d$,内侧直锚。

(6)⑥号钢筋为直径为 12 mm 的 HRB400 级,为阳台长度方向封边下部钢筋,外侧弯锚 $15d$,内侧直锚。

(7)⑧号钢筋为直径为 6 mm 的 HRB400 级,为阳台长度方向封边上的箍筋。

(8)⑨号钢筋为直径为 12 mm 的 HRB400 级,为阳台宽度方向封边上部钢筋,两端弯锚 $15d$。

(9)⑩号钢筋为直径为 12 mm 的 HRB400 级,为阳台宽度方向封边下部钢筋,两端弯锚 $15d$。

(10)⑫号钢筋为直径为 6 mm 的 HRB400 级,为阳台宽度方向封边上的箍筋。

(11)由图 5-3(a)和图 5-3(e)可知,在阳台长度方向落水管预留孔两边缘距离两侧钢筋边缘 22 mm,在阳台宽度方向落水管预留孔和地漏预留孔两边缘与两侧钢筋边缘的距离均为 20 mm。

3. 吊点位置布置图识读

阳台长度方向两个吊点之间的中点距离外叶墙外表面 280+20=300(mm)，两个吊点之间的距离为 60×2=120(mm)；阳台宽度方向相邻两个吊点之间的中点距离阳台边缘 a_1=450 mm，两个吊点之间的距离为 60×2=120(mm)。

4. 节点详图识读

从图 5-4 中可以读取出 YTB-B-1024-04 两个节点的详图信息，具体内容如下：

沿阳台长度方向上部钢筋向主体结构内延伸 $1.1l_a$，下部钢筋延伸 ≥12d 且至少伸过梁（墙）中线，阳台板内边缘伸过内叶墙板外边缘 10 mm，封边内边缘距离外叶墙板外边缘 20 mm；阳台宽度方向的两外边缘距离两端轴线 10 mm；阳台板长度方向封边尺寸=阳台长度 l－10 mm－保温层厚度－外叶墙板厚度－20 mm。

预制阳台板、空调板和女儿墙构件节点图识读

5. 钢筋表识读

钢筋表主要表达构件编号、钢筋编号、钢筋规格、加工尺寸及钢筋根数等，具体阅读内容前面已详述，此处不再赘述。

5.1.4 知识拓展

某工程预制空调板类型选用 KTB-74-110（预制空调板，空调板长度为 740 mm，宽度为 1 100 mm），其工程概况如下：混凝土强度等级为 C30；钢筋采用 HRB400 级，当吊装采用普通吊环时，应采用 HPB300（Φ）级钢筋（严禁采用冷加工钢筋，吊点可设置两个）；预埋件的锚板采用 Q235-B 级钢，同时预埋件锚板表面应作防腐处理；空调板密封材料应满足现行国家有关标准的要求；钢筋保护层厚度板按 20 mm 考虑。预制空调板的选用见表 5-5 和图 5-7；预制空调板模板图及配筋图如图 5-8、图 5-9 和表 5-6 所示。

表 5-5 预制钢筋混凝土空调板选用表

编号	长度 L/mm	宽度 B/mm	厚度 h/mm	质量/kg	备注
KTB-63-110	630	1 100	80	139	一般用于南方铁艺栏杆做法
KTB-63-120	630	1 200	80	151	一般用于南方铁艺栏杆做法
KTB-63-130	630	1 300	80	164	一般用于南方铁艺栏杆做法
KTB-74-110	740	1 100	80	163	一般用于北方铁艺栏杆做法
KTB-74-120	740	1 200	80	178	一般用于北方铁艺栏杆做法
KTB-74-130	740	1 300	80	192	一般用于北方铁艺栏杆做法

注：KTB-74-110 中各符号的含义：KTB——预制空调板；74——预制空调板长度 74 cm（空调板长度 L 有 630 mm、730 mm、740 mm 和 840 mm 四种情况）；110——预制空调板宽度 110 cm（空调板宽度 B 有 1 100 mm、1 200 mm、1 300 mm 三种情况）；图集规定空调板厚度 h 为 80 mm。

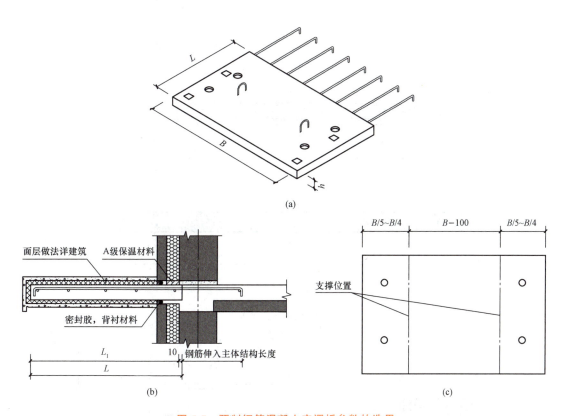

图 5-7 预制钢筋混凝土空调板参数的选用

(a)预制空调板示意；(b)预制空调板连接节点；
(c)预制空调板支撑平面布置图

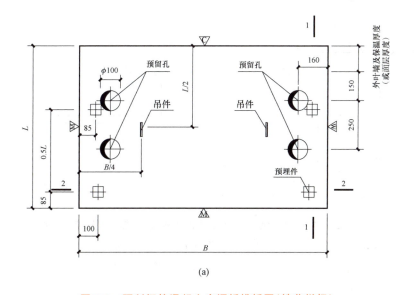

图 5-8 预制钢筋混凝土空调板模板图(铁艺栏杆)

(a)平面图(吊件为 $\phi 8$ HPB300级钢，用于脱模、运输、吊装)

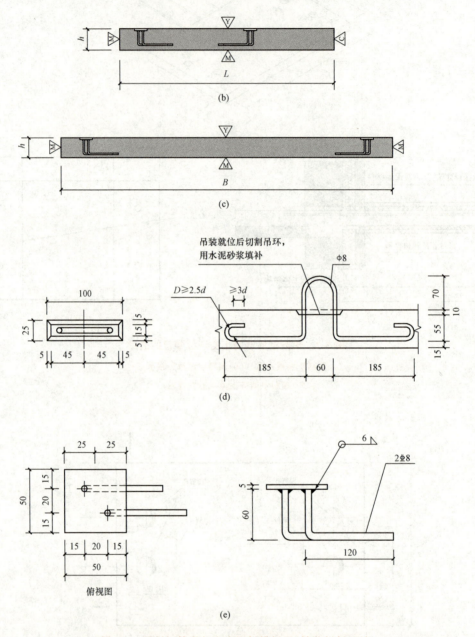

图 5-8 预制钢筋混凝土空调板模板图(铁艺栏杆)(续)
(b)1—1剖面图;(c)2—2剖面图;(d)吊环;(e)预埋件(用于安装铁艺栏杆)

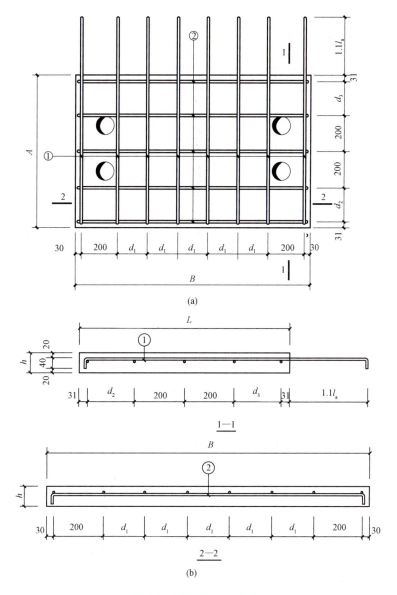

图 5-9 预制空调板配筋图

(a)配筋图；(b)剖面图

注：①号负筋伸入支座长度为 $1.1l_a$；d_1 为预制空调板按图中给定尺寸后计算的均布尺寸，d_2、d_3 用来调节洞口与钢筋间距，d_1、d_2、d_3 均≤200 mm。

表 5-6　预制空调板配筋表

预制空调板编号	①			②		
	规格	加工尺寸/mm	根数	规格	加工尺寸/mm	根数
KTB-63-110	⌀8	40 ⌐ 918 ⌐ 40	7	⌀6	40 ⌐ 1 060 ⌐ 40	4
KTB-63-120	⌀8	40 ⌐ 918 ⌐ 40	7	⌀6	40 ⌐ 1 160 ⌐ 40	4
KTB-63-130	⌀8	40 ⌐ 918 ⌐ 40	8	⌀6	40 ⌐ 1 260 ⌐ 40	4
KTB-74-110	⌀8	40 ⌐ 1 028 ⌐ 40	7	⌀6	40 ⌐ 1 060 ⌐ 40	5
KTB-74-120	⌀8	40 ⌐ 1 028 ⌐ 40	7	⌀6	40 ⌐ 1 160 ⌐ 40	5
KTB-74-130	⌀8	40 ⌐ 1 028 ⌐ 40	8	⌀6	40 ⌐ 1 260 ⌐ 40	5

1. 模板图识读

从图 5-8 中可以读取出 KTB-74-110 模板图中的以下内容：

(1)预制空调板的具体尺寸。结合表 5-5 可以读取出空调板长度 $L=740$ mm，宽度 $B=1\,100$ mm，板厚度 $h=80$ mm。

(2)预埋件和吊点的定位尺寸。由图 5-8(a)可知，预埋件共 4 个，空调板长度方向第一个预埋件距离空调板外表面 85 mm，相邻两个预埋件之间的距离为 $0.5L$；空调板宽度方向外侧一排的预埋件距离两外边缘 100 mm，内侧一排的预埋件距离两外边缘 85 mm；预埋件钢板尺寸为 50 mm×50 mm，厚为 5 mm，与之相连接的支爪为 2 根直径为 8 mm 的 HRB400 级钢筋，每根长度为 60 mm+120 mm。吊件共 2 个，左、右两个吊件距离左、右外边缘 $B/4$，距离后侧边缘 $L/2$，吊件为直径为 8 mm 的 HPB300 级钢筋，细部尺寸如图 5-8(d)所示。

(3)预留洞口的定位尺寸。从平面图中可以读取出空调板预留 4 个洞口，预留孔尺寸均为 $\phi100$ mm，两个洞口之间的距离为 250 mm，距离外叶墙外表面 150 mm。

2. 配筋图识读

从图 5-9 和表 5-5 中可以读取出 KTB-74-110 配筋图中共有两种类型的钢筋，各种钢筋信息内容如下：

(1)①号钢筋为空调板长度方向的直径为 8 mm 的 HRB400 级，向支座锚固 $1.1l_a$，两端弯锚 40 mm。

(2)②号钢筋为空调板宽度方向的直径为 6 mm 的 HRB400 级，两端弯锚 40 mm。

实例 5.2　预制钢筋混凝土阳台板、空调板和女儿墙深化设计

5.2.1　实例分析

某公司设计员王某接到某剪力墙结构工程预制钢筋混凝土阳台深化设计任务，其平面布置图如图 5-10 所示。该工程预制钢筋混凝土阳台类型及结构连接节点构造可选用图集《预制钢筋混凝土阳台板、空调板及女儿墙》(15G368-1)中的相应内容。其工程概况如下：预制钢筋混凝土阳台按一类环境类别设计，钢筋保护层厚度按 20 mm 设计，混凝土强度等级为 C30，梯段板厚度为 120 mm；钢筋采用 HRB400 和 HPB300，预埋铁件钢板采用 Q235-B 级钢材，内埋式吊杆一般采用 Q345 钢材；吊环应采用 HPB300 级钢筋制作，严禁采用冷加工钢筋；预埋阳台板预埋件、安装用的连接件应采用碳素结构钢或不锈钢材料制作。

王某若要完成该阳台的深化设计任务，必须先结合标准图集及工程概况掌握阳台的连接构造等内容及深化设计文件应包括的内容。

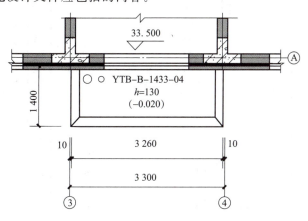

图 5-10　标准预制阳台板平面布置图

5.2.2　相关知识

1. 预制阳台板、空调板和女儿墙构造要求

预制阳台板和空调板的构造要求前面已经详述，此处不再赘述。常见的非保温式女儿墙墙身模板及配筋构造如图 5-11~图 5-13 所示。其具体阅读方法参见预制阳台板或空调板部分内容。

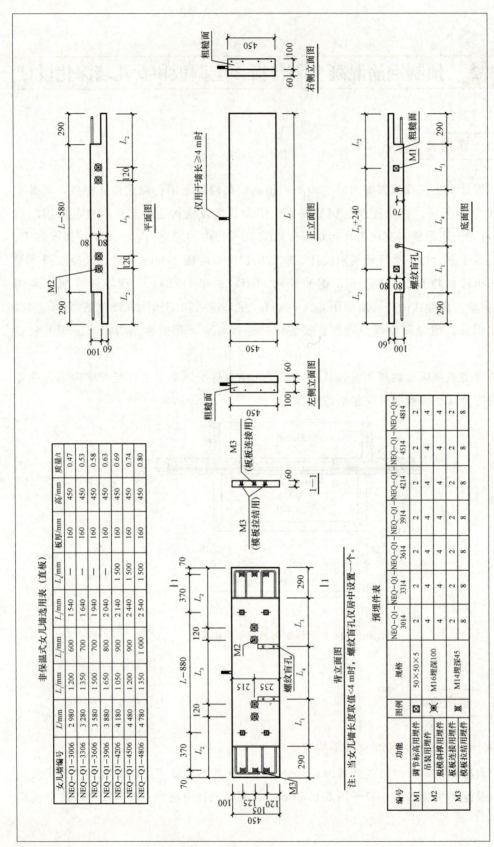

图 5-11 非保温式女儿墙(0.6 m)墙身模块图(直板)

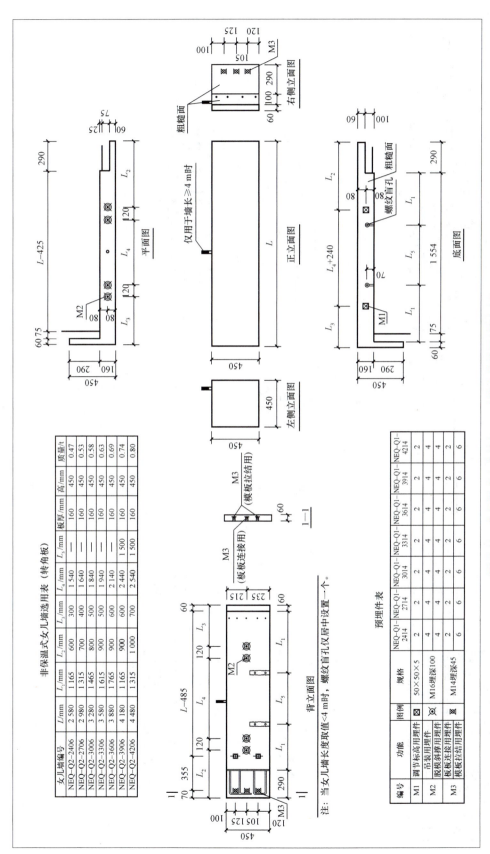

图 5-12 非保温式女儿墙(0.6 m)墙身模块图(转角板)

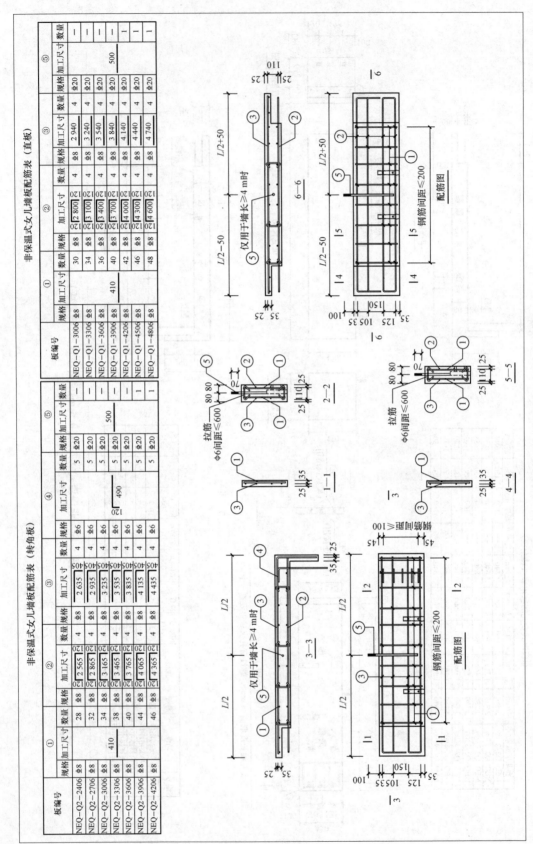

图 5-13 非保温式女儿墙（0.6 m）墙身配筋图

2. 预制阳台板、空调板和女儿墙连接构造

(1) 预制阳台板连接构造如图 5-14 所示。预制阳台板长度方向封边尺寸＝阳台长度 l－10 mm－保温层厚度－外叶墙板厚度－20 mm；阳台板边缘与墙内叶板边缘宽度为 10 mm，上部钢筋锚固长度为 $1.1l_a$，下部钢筋锚固长度$\geqslant 12d$ 且至少伸过梁（墙）中线；阳台侧板边缘与外叶板边缘宽度为 20 mm。

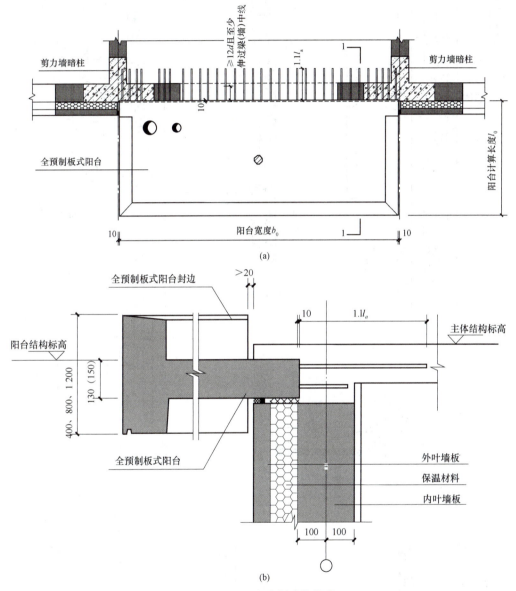

图 5-14 预制阳台板连接构造
(a) 全预制板式阳台与主体结构安装平面图；(b) 全预制板式阳台与主体结构连接节点 1—1 详图

(2) 预制空调板连接构造如图 5-7 所示。空调板边缘与墙内叶板边缘宽度为 10 mm，钢筋锚固长度为 $1.1l_a$，空调板与墙外叶之间填塞密封胶、背衬材料，保温层外采用 A 级保温材料。

(3) 预制非保温式女儿墙连接构造如图 5-15 所示。

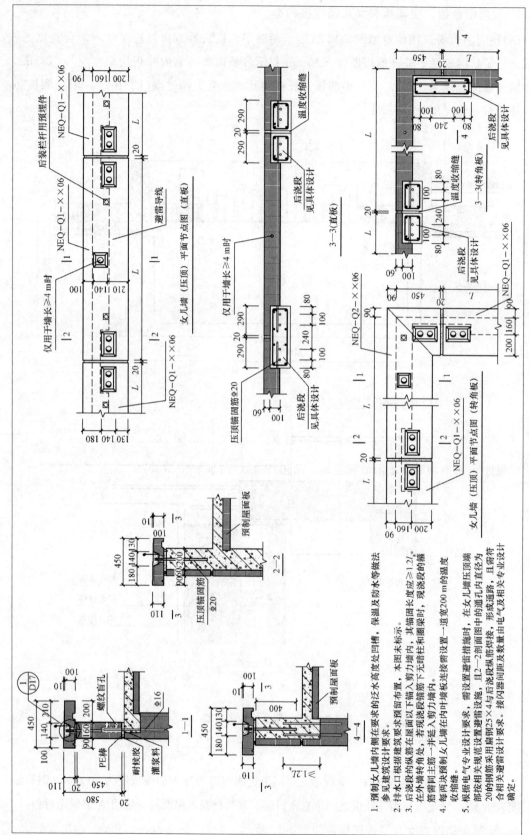

图 5-15 非保温式女儿墙(0.6 m)连接构造

5.2.3 任务实施

1. 预制阳台板、空调板和女儿墙的深化设计

(1)预制阳台板、空调板和女儿墙制作前应进行深化设计,深化设计文件应根据施工图设计文件及选用的标准图集、生产制作工艺、运输条件和安装施工要求等进行编制。

(2)预制阳台板、空调板和女儿墙详图中的预留洞、凹槽、预埋件和吊筋等需与相关专业图纸仔细核对无误后方可下料制作。

(3)深化设计文件应经设计单位书面确认后方可作为生产依据。

(4)深化设计文件应包括(但不限于)以下内容:

1)预制阳台板、空调板和女儿墙模板图(含平面图、正立面图、底面图、背立面图、左侧立面图及局部详图等)。

2)预制阳台板、空调板和女儿墙配筋图(含板配筋平面图、封边配筋平面图、洞口纵向排布配筋图及相应剖面详图、钢筋明细表)。

3)构造连接节点详图。

4)计算书。根据《混凝土结构工程施工规范》(GB 50666—2011)的规定,应根据设计要求和施工方案对脱模、吊运、运输、安装等环节进行施工验算,例如预制阳台板、预埋件、吊具等的承载力、变形和裂缝等。

2. 预制阳台板、空调板和女儿墙设计

(1)预制阳台板选用《预制钢筋混凝土阳台板、空调板及女儿墙》(15G368—1)标准图集设计方法。

1)选用步骤。

①确定预制钢筋混凝土阳台板建筑、结构各参数与《预制钢筋混凝土阳台板、空调板及女儿墙》(15G368—1)标准图集选用范围要求保持一致,可按照 15G368—1 标准图集中预制钢筋混凝土阳台板相应的规格表、配筋表直接选用。

②预制阳台板混凝土强度等级、建筑面层厚度、保温层厚度设计应在施工图中统一说明。

③核对预制阳台板的荷载取值不大于标准图集设计取值。

④根据建筑平、立面图的阳台尺寸确定预制阳台板编号。

⑤根据具体工程实际设置或增加其他预埋件。

⑥根据图集中预制阳台板模板图及预制构件选用表中已标明的吊点位置及吊重要求,设计人员应与生产、施工单位协调吊件形式,以满足规范要求。

⑦如需补充预制阳台板预留设备孔洞的位置及大小,需要结合设备图纸补充。

⑧补充预制阳台板的相关制作及施工要求。

2)选用示例。已知某装配式剪力墙住宅开敞式阳台平面图如图 5-16 所示,阳台对应房间开间轴线尺寸为 3 300 mm,阳台板相对剪力墙外表面挑出长度为 1 400 mm,阳台封边高度为 400 mm,根据计算得阳台板均布恒荷载为 3.2 kN/m²,封边处栏杆线荷载为 1.2 kN/m,板面均布活荷载为 2.5 kN/m²。阳台建筑、结构各参数与标准图集选用范围要求一致,荷载不大于标准图集荷载取值,设计选用编号为 YTB-B-1433-04 的全预制板式阳台。

(2)预制空调板选用 15G368—1 标准图集设计方法。

1)选用步骤。

①确定各参数与标准图集选用范围要求保持一致。

②核对预制空调板的荷载是否符合15G368—1标准图集的规定。

③根据所在地区、外围护结构形式、构件尺寸确定预制空调板编号。

④根据标准图集的做法选择预埋件和吊件,也可根据相关规范和标准另行设计。

⑤根据设备专业设计确定预留孔的尺寸、位置和数量。

2)选用示例。已知某北方地区民用住宅楼采用预制空调板,该预制空调板外围护结构形式采用百叶做法,混凝土强度等级为C30,钢筋的混凝土保护层厚度为20 mm,永久均布荷载为4.0 kN/m²。其中,预制空调板长度为840 mm,宽度为1 300 mm,则该北方地区民用住宅楼所选用预制空调板编号为KTB-84-130,如图5-17所示。

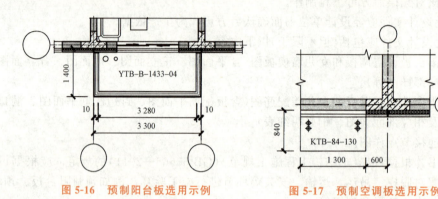

图5-16 预制阳台板选用示例　　图5-17 预制空调板选用示例

(3)预制女儿墙选用15G368—1标准图集设计方法。

1)选用步骤。

①确定各参数与标准图集选用范围保持一致。

②核对预制女儿墙的荷载条件,并明确女儿墙的支座为结构顶层剪力墙后浇段向上延伸段。

③根据建筑顶层预制外墙板的布置、建筑轴线尺寸和后浇段尺寸,确定预制女儿墙编号。

④根据标准图集预埋件规格和工程实际选用预埋件,并根据工程的具体情况增加其他预埋件。

⑤根据图集中给出的质量及吊点位置,结合构件生产单位、施工安装要求选用预制女儿墙吊件类型及尺寸。

⑥如需补充预制女儿墙预留设备孔洞及管线,需结合设备图纸进行补充。

⑦内、外叶板拉结件布置图由设计人员补充设计。

2)选用示例。已知条件:某住宅楼女儿墙采用夹心保温式女儿墙,安全等级为二级,从屋顶结构层标高算起高度为1 400 mm,风荷载标准值 w_k 为3.5 kN/m²,女儿墙长如图5-18所示,配筋为构造配筋。

选用结果:根据图5-18所示的尺寸,标准图集的NEQ-J1-3014和NEQ-J2-3314符合要求,可直接选用。

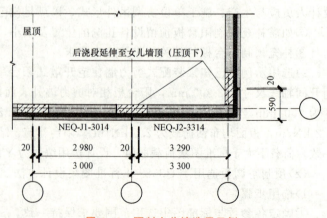

图5-18 预制女儿墙选用示例

（4）深化设计软件设计方法。登录装配式建筑深化设计软件完成预制阳台板、空调板和女儿墙构件的深化设计。

预制阳台板、空调板和
女儿墙深化设计

学 习 启 示

党的二十大报告指出，坚持安全第一、预防为主，建立大安全大应急框架，完善公共安全体系，推动公共安全治理模式向事前预防转型。工程质量问题引发的安全事故时有发生，而建筑企业及其从业人员在利益驱使下的行业道德失范是建筑行业诸多问题出现的根本原因。通过建筑安全体验、工程事故案例分析等，加强对建筑行业规范的认识，培养学生养成科学施工、精益求精的职业精神，这是学生未来职业发展的必然要求。

小 结

通过本部分的学习，要求学生掌握预制阳台板、空调板和女儿墙的类型和编号规定、平面布置图和剖面图的标注内容及相关规定；能够熟练阅读预制阳台板、空调板和女儿墙的模板图、配筋图、钢筋明细表及相关构造节点详图；能够掌握深化设计文件所包括的内容。

习 题

一、简答题

1. 简述 YTB-B-1024-08 各符号的含义。
2. 预制阳台板、空调板和女儿墙模板图主要包括哪些内容？
3. 预制阳台板和空调板配筋图主要包括哪些内容？
4. 预制阳台板和女儿墙安装详图主要包括哪些内容？
5. 预制阳台板、空调板和女儿墙钢筋表主要表达哪些内容？

二、识图题

某工程预制钢筋混凝土空调板模板图（百叶）如图 5-19 所示，配筋图如图 5-9 所示，参照前述阅读方法识读预制空调板 KTB-74-110 的模板图及配筋图的相应内容。

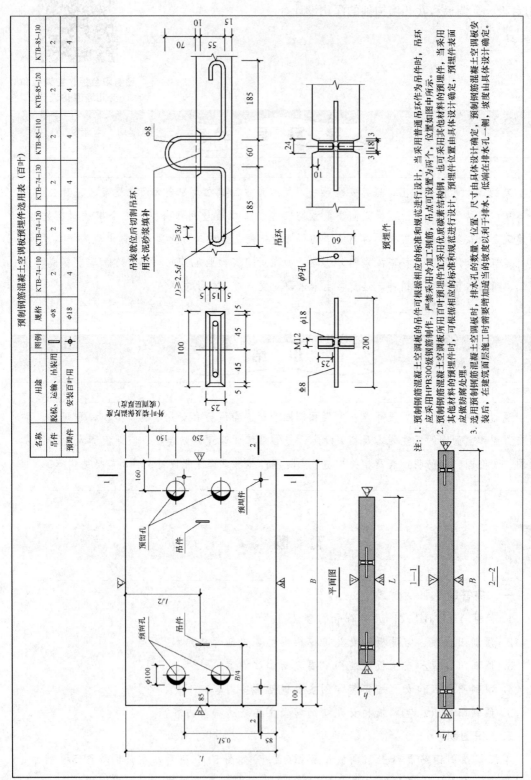

图 5-19 预制钢筋混凝土空调板模板图（百叶）

参考文献

[1] 中华人民共和国住房和城乡建设部.16G116—1 装配式混凝土结构预制构件选用目录（一）[S].北京：中国计划出版社，2016.

[2] 中华人民共和国住房和城乡建设部.JGJ/T 258—2011 预制带肋底板混凝土叠合楼板技术规程[S].北京：中国建筑工业出版社，2011.

[3] 中华人民共和国住房和城乡建设部.JGJ 1—2014 装配式混凝土结构技术规程[S].北京：中国建筑工业出版社，2014.

[4] 山东省建设发展研究院.DB37/T 5020—2014 装配整体式混凝土结构工程预制构件制作与验收规程[S].北京：中国建筑工业出版社，2014.

[5] 《装配式混凝土结构工程施工》编委会.装配式混凝土结构工程施工[M].北京：中国建筑工业出版社，2015.

[6] 中华人民共和国住房和城乡建设部."十三五"装配式建筑行动方案[M].北京：住房与城乡建设部，2017.

[7] 中华人民共和国住房和城乡建设部.建筑业发展"十三五"规划[M].北京：住房与城乡建设部，2017.

[8] 北京市住房和城乡建设委员会.DB11/T 1030—2013 装配式混凝土结构工程施工与质量验收规程[S].北京市住房和城乡建设委员会，2013.

[9] 中华人民共和国住房和城乡建设部.15G310—1～2 装配式混凝土结构连接节点构造[S].北京：中国计划出版社，2015.

[10] 中华人民共和国住房和城乡建设部.15G365—1 预制混凝土剪力墙外墙板[S].北京：中国计划出版社，2015.

[11] 中华人民共和国住房和城乡建设部.15G365—2 预制混凝土剪力墙内墙板[S].北京：中国计划出版社，2015.

[12] 中华人民共和国住房和城乡建设部.15G366—1 桁架钢筋混凝土叠合板（60 mm 厚底板）[S].北京：中国计划出版社，2015.

[13] 中华人民共和国住房和城乡建设部.15G367—1 预制钢筋混凝土板式楼梯[S].北京：中国计划出版社，2015.

[14] 中华人民共和国住房和城乡建设部.15G368—1 预制钢筋混凝土阳台板、空调板及女儿墙[S].北京：中国计划出版社，2015.

[15] 中华人民共和国住房和城乡建设部. 15G107—1 装配式混凝土结构表示方法及示例（剪力墙结构）[S]. 北京：中国计划出版社，2015.

[16] 中华人民共和国住房和城乡建设部. 15J939—1 装配式混凝土结构住宅建筑设计示例（剪力墙结构）[S]. 北京：中国计划出版社，2015.

[17] 张波，陈建伟，肖明和. 建筑产业现代化概论[M]. 北京：北京理工大学出版社，2016.

[18] 肖明和，苏法. 装配式建筑混凝土构件生产[M]. 北京：中国建筑工业出版社，2018.

[19] 肖明和，张蓓. 装配式建筑施工技术[M]. 北京：中国建筑工业出版社，2018.

[20] 中华人民共和国住房和城乡建设部科技与产业化发展中心. 中国装配式建筑发展报告（2017）[M]. 北京：中国建筑工业出版社，2017.

[21] 林文峰. 装配式混凝土结构技术体系和工程案例汇编[M]. 北京：中国建筑工业出版社，2017.

[22] 中华人民共和国住房和城乡建设部. GB/T 51232—2016 装配式钢结构建筑技术标准[S]. 北京：中国建筑工业出版社，2017.

[23] 中华人民共和国住房和城乡建设部. GB/T 51231—2016 装配式混凝土建筑技术标准[S]. 北京：中国建筑工业出版社，2017.

[24] 中华人民共和国住房和城乡建设部. GB/T 51233—2016 装配式木结构建筑技术标准[S]. 北京：中国建筑工业出版社，2017.

[25] 中华人民共和国住房和城乡建设部. 16G 906 装配式混凝土剪力墙结构住宅施工工艺图解[S]. 北京：中国计划出版社，2016.

[26] 中国建筑标准设计研究院. 装配式建筑系列标准应用实施指南（装配式混凝土结构建筑）[M]. 北京：中国计划出版社，2016.